別讓錢成為
婚姻的裂痕

—— 婚後的荷包，不該這麼扁

朱儀良，永強　著

本書讓你在「節流」中學會「開源」，
最終實現個人與家庭的財務自由！

從獨立的兩個人到組建家庭，婚後該如何妥善理財以保障日後的生活品質？
明明是雙薪家庭卻存不了錢，到了月底就捉襟見肘？當心這些習慣吸乾你的錢！
情侶間的AA制能不能套用到夫妻身上？不同的家庭情況分別適合什麼樣的理財產品？

U0059271

目錄

前言

第一章　夫妻理財要定位好

第二章　做好家庭理財規劃

目錄

第三章　最可靠的理財工具 —— 儲蓄

第四章　投資理財，讓錢生錢

第五章　學好日常生活這套「理財經」

目錄

第六章　買房買車停看聽

第七章　不同類型家庭的理財經

第八章　理財迷思、錯誤「一點」通

前言

前言

　　隨著時代的變化，家庭理財開始逐漸被人們所重視。使家庭資產既要安全、保值，又要能最大限度增值，這是每個家庭追求的目標。理財作為一門專門的學問，與人的知識、性格、觀念等密切相關，必須充分發揮夫妻雙方的優勢，截長補短，共同經營好家庭理財。

　　在本書中有個事例：

　　丁丁和老公結婚剛一年，老公是一家進出口公司的經理，月收入新臺幣 50,000 元左右，丁丁是一家網路公司的行政人員，月收入在新臺幣 30,000 元左右。家庭的大致支出有房貸、水電、生活費。因為他們不愛在家做飯，最大的開銷是外食，一個月的飯錢就將近 10,000 元。雖然老公的薪水都由丁丁來管理，但在理財上，丁丁基本上是不記帳的。他們沒有做任何投資，錢都是放在家裡。這都不算什麼，最讓丁丁生氣的是老公每次出差都不記得要向公司報帳，以至於後來收據全被他弄丟了，出差的費用全部自行負擔。丁丁一家有時用著用著就發現

沒錢了，存不住錢，也不懂投資。

　　針對這種不懂記帳、花錢沒有節制的白領夫妻，首先要做到開源節流，盡量在家做飯，多自己做少出去吃。每月發薪水後先規劃收入，留下當月預計支出，再將剩餘的錢存入銀行，這樣可以避免亂花錢。準備一個抽屜或盒子，讓老公出差回來後把所有的收據都放進去。

　　本書注重「節」字，夫妻家業共立，一切以節約為主，如果有餘錢，即可投資，在「節流」的同時「開源」。本書從八大面向具體闡述夫妻理財，文中事例、方法、圖表和敘述相結合，文字簡單、易懂，貼近現實生活，親切感十足。

　　本書教你最實用的家庭理財觀念、最貼近生活的家庭理財方式、最清晰明確的投資理財思路、最完整的家庭理財攻略。因此，如果懂得理財，成功的機會至少有一半，借此改善生活。如果不願精進，就不可能成功。理財不是與生俱來的技能，每一對恩愛的夫妻、每一個家庭都應該知道一些理財知識，熟悉理財產品，掌握理財技巧，做好家庭理財，最大程度地規避理財風險，讓錢生錢，最終邁向幸福之路。

第一章

夫妻理財要定位好

　　許多事情都離不開「錢」字。傳統「男主外女主內」的理財方式已經跟不上時代了。在現代，誰掌握理財的大權並不重要，重要的是盡量發揮夫妻各自的特點和優勢，使家庭理財得到最大報酬。因此，夫妻理財的關鍵是要定位清楚，為家庭理財的之路做好準備。

錢財，婚後生活的最重要問題

從單一獨立的個體到組成新的家庭，夫妻在價值觀和消費習慣上多少都會存在差異，像是夫妻中的一方非常勤儉節約，而另一方卻開銷巨大，花錢不節制，那麼，要做到夫妻雙方財務共用就變得非常困難，由此而產生夫妻間的矛盾。

因此，每對夫妻都會發現雙方財務共用和保持私人空間這兩者之間好像總是很難達到和諧與統一。

結婚兩年的鄭先生夫婦是很幸福的一對。鄭先生在一家電腦公司工作，他非常勤儉節約，善於儲蓄，在兩年時間裡家裡的儲蓄已經超過了新臺幣 35 萬元。鄭先生說：「我們不是高收入，所以必須省吃儉用，逐漸接近自己的財富目標。」而妻子馮小姐是祕書，每當她買不到想要的物品時，就會感到非常不高興，但經過兩年的婚姻生活她已經學會了忍耐，她說：「我盡量不花錢是因為想避免由此而引來的爭吵。」

在計劃他們婚後的第一次旅遊時，鄭先生原打算選擇一個三星級的旅館住宿，最終卻由於馮小姐的一再堅持而改住在一個四星級的旅館中。對此，鄭先生這樣說的：「如果妳總是想事事主導，那麼日子就過不下去了，妳總要為自己所提出的要求多動腦筋，而不是馬上拒絕。」

　　看到這個故事，你與另一半是不是從中受到了某些啟發呢？

一、重視夫妻交流，達成理財共識

　　要使夫妻雙方的婚姻關係良好發展，同時使家庭財務經營上軌道，就要重視理財問題中夫妻之間的相互交流，使雙方在財務習慣、行為和目標上達成共識。夫妻雙方必須明白，如果不在對「錢」的態度上達成共識，那麼勢必會在往後的家庭生活中為了其發生爭執，嚴重的甚至會導致離婚。因此，良好溝通並理解夫妻雙方對待「錢」的態度是最明智的做法，只有這樣才可以清楚了解兩人對今後家庭生活的看法與希望。

二、夫妻理財，要尊重對方的想法

　　在進行家庭理財時，要尊重對方的想法，並將其付諸於行動，在雙方信任互愛的基礎下，家庭財富才會穩定成長，夫妻之間的感情也會逐漸昇華，家庭關係更加和諧、甜蜜、美滿。

專家建議：建立同甘共苦的共識

在談到個人對金錢的觀念時，夫妻雙方要討論的是雙方對家庭財務的關心，而不是一方對另一方是否信任。在交談中要避免翻舊帳，或是將理性討論情緒化。夫妻要盡力讓另一半了解自己真實的想法，只有這樣雙方才能真正一起為家庭創造並累積財富；而夫妻雙方對彼此的認同也會促進家庭財務良好發展。

適宜的家庭理財原則

　　一位富商，因為一筆生意賺大錢後，給家裡買了一個昂貴的新沙發：光沙發，就花了他 30,000 美元！沙發運來了，卻發現跟茶几不搭配，於是又更換茶几，然後是桌子、椅子，一直到最後將所有家具都換掉。這時卻又發現，和嶄新的家具比起來，房子未免顯得太老太舊。於是拆掉舊房，蓋上和新家具相配的新房。就這樣，為了這個沙發，他的花費加起來竟然達到 60 萬美元。為了維護這棟房子，他每年還得多花 13,000 美元。而在此之前，他每年只要花上幾千美元，就可以過得相當舒服，而且沒有那麼多煩惱，沒有那麼多要操心的東西。這個沙發差點將他拖到破產的邊緣。這樣的慘痛經歷，使得富商發

現，不能再做這樣「為鞍買馬」的傻事了。

　　仔細想想，你是不是也在重複做著同樣的傻事。像是買了一件新衣服，於是要配上搭配的項鍊、包包，搭配的褲子、靴子，然後要更換更好的汽車，再往後要去符合身分的餐廳跟社交場所……這樣的消費無窮盡。就算是一個本來很富裕的人，以這種方式消費，也很快就會將家財散盡，更何況有些人本來就不太富裕。

　　放大到家庭來說，面對家庭的財產，建立良好的投資結構就像造一座金字塔，首先要有寬厚的底部，安全性高的投資，像是零風險的儲蓄，才能往上建構高聳的塔尖，像是低風險的債券、中度風險股票、高風險的不動產投資。成功的投資組合必須善用不同風險層次的金融商品，你可能是儲蓄型，可能是投資型，也可能是投機型，或者三型合一。但不論是哪種理財模式，都要恪守以下原則，這樣，你的財富才會步步高升。

選擇適宜的投資方法

　　以錢生錢是現代人的智慧。不過，並不是買了股票或是做其他投資就能保證讓你賺錢，投資也要講究方法和時機。對一般小資投資者來說，只適合投入小部分資本，你可以用三分之一或更少的比例去「拚一把」。但要注意進場的時機，即不要在股票價格炒得很高的時候去買，而應該在價格低迷時進場。但

是，投資股票並非唯一的理財方法，還有很多理財產品像是基金、債券、黃金、收藏品等值得你選擇，關鍵是你要根據自身家庭情況選擇適合自己的投資方法，這樣，在你賺錢的同時也輕鬆愉快，而不會心力憔悴。

重視儲蓄

雖然適合家庭投資的方式有很多，但儲蓄這項傳統投資的收益十分有限，即便如此也千萬不能忽視儲蓄在家庭理財中不可動搖的地位。作為風險最小的投資方式，儲蓄仍然可以作為保證家產財富累積的一項重要投資方式。

小心負債

有一個鄉下富翁教育他的兒子說：「約翰，千萬別賒帳，非賒不可的話，就去賒點糞肥，它們可以幫你還帳。」這話的意思是說，如果你萬一要賒帳要舉債的話，也應該是為了投資，為了賺更多的錢，累積更多的財富。如果僅僅是為了穿好的吃好的、住大房子、開好車子，在人們面前打腫臉充胖子，那麼千萬不要去舉債。

注重節儉，量入為出

增加收入最簡單的方法，就是量入為出；正如英國作

家狄更斯（Charles Dickens）小說《塊肉餘生錄》（David Copperfield）中所說：「一個人如果每年收入 20 英鎊，卻花掉 20 英鎊 6 便士，那將是一件最令人痛苦的事情。反之，如果他每年收入 20 英鎊，卻只花掉 19 英鎊 6 便士，那是一件最令人高興的事。」你或許會說，「這個道理我們知道。這叫做節約，就像吃蛋糕，蛋糕吃完了就沒有了。」但是知道是一回事，能不能身體力行又是一回事，很多人就是明知故犯。

節儉意味著收大於支，讓你有更多富餘的錢能夠儲蓄。如果你再懂得合理的投資和理財，像是在適當的時候投資房地產，將存銀行的錢換成基金以獲取更高的收益，那麼，你的財富的成長速度將會更快。

富蘭克林（Benjamin Franklin）說：「是別人的眼光而不是自己的眼光毀了我們。如果世上所有的人除了我都是瞎子，那我就不必關心什麼是漂亮的好衣服，什麼是華麗的飾品了。」就算這個世界上根本沒有瞎子，你也不必為了愉悅別人的眼光而跟自己的錢財過不去。依靠超過能力的消費來維護面子，打腫臉充胖子的做法是不可取的，一旦事情的真相被揭穿，反而會讓人更加瞧不起。

因此，從現在開始，建議你準備一個小本子，畫上表格，記錄下你的每一筆開支。表格可以分為三欄，一欄為生活「必需品」，一欄為「舒適品」，再一欄為「奢侈品」。不久後就會發

現，很多東西根本不需要，只是買回來當擺設，培養自己的收支觀念。

專家建議：理財不能一味地規避風險

想要成功理財，獲得好的結果，就不能一味地規避風險。選擇自己能駕馭的投資方法，風險自然要降低到最低限度。以股票為例，股票是相對風險較高的投資，就像一匹烈馬，懂得駕馭，它總會有安全的時候。

夫妻理財，你準備好了嗎

德國多特蒙德球場旁邊有一間矮小的房屋，裡面住著一對老夫婦，男主人每天的工作就是清掃球場，在比賽之前修整草坪。卻幾乎沒有人知道，這位老人當年是一位叱吒球場的球星。老人常常追悔當年毫無節制的奢華生活，重複著「如果我當年節省一點……」之類的話。有人對 150 位退役球星進行調查，退役的球星中只有 9% 的人還維持著以前的生活，44% 的人過著普通平凡的日子，21% 的人負債累累。

從這個故事我們可以看出，日子過得好不好，與財富多少沒有太多關係，而與是否有掌握財富的能力有關。當更多的財富降臨時，你不會因為欣喜而大肆揮霍，當貧窮圍繞在身邊，

你不會因為躊躇而大感煩惱，總能為一分錢找到合適的地方花費，並讓其不斷增值。

理財是一門大學問，特別是對家庭來說。相濡以沫的夫妻更應該坐在一起，認真討論這個問題，為你們的家庭理財做好應有的準備。

不要強求消費統一：來自不同家庭的人由於經濟背景、消費習慣的不同，消費觀念也會有所差異。因此，對於不同的消費觀念，不要強求做到相同，盡量避免因消費觀念不同而引發的爭吵，在共同的生活中以尊重為前提，逐漸適應彼此的消費習慣，找到彼此的平衡點。

做好家庭收支帳目：每一個當家理財的人都應該對家庭收支，每項消費行為瞭若指掌，而要做到這一點，設立記帳本是最好的方法，以記帳的方法，可以直觀地了解到家庭收支的明細，同時也便於即時進行歸類與總結，哪些地方多花了錢，哪些地方可以節省，哪些地方存在重複消費等問題，隨時改進，使家庭的有限資金發揮出更大的效益。

帳目公開、投資共贏：家庭收支帳目時一定要公開，讓家庭成員了解每一筆帳目的用途。除去日常生活開支，可考慮將雙方的空閒資金進行儲蓄，購買債券、保險，有條件的可投資證券、基金或股票等，靈活運用，增加家庭收益。

訂定一份財務規劃表：每個家庭都有各自的目標，希望明

第一章　夫妻理財要定位好

天怎麼樣更好，銀行帳戶增加多少。這些願望不是一下子就能實現的。因此，給家庭訂定一份財務規劃表，把目標一件一件寫在紙上，像是養育子女、購買房屋、添置家庭設備等，同時還要考慮出現預料之外的消費，讓你有更多動力去實現目標。

　　避免過度消費：衝動消費會讓人產生沒必要的開銷，造成不必要的浪費。在日常生活中要避免因一時衝動或受其他人的影響而消費。如果你改變方式，購買實用的商品，對你的家庭來說會是一個好消息。

附：理財知識測試

	是	否
我知道我們目前的資本淨值（也就是我們擁有的資產減去所欠債務）。		
我確切地知道我們每月的固定支出，包括水電和各種保險金。		
我知道我的另一半如何看待我們每月的支出。		
我們討論過正常支出和債務的總額和種類，並且對此認可。		
我知道我和另一半買了多少保險。		
我確切知道死亡保險理賠金的金額，我們的保險單有多少現金價值，這筆錢的收益是多少。		

我知道目前所居房屋子的公告價格、貸款金額，以及家裡有多少淨資產。		
我了解償還貸款時間年限，如果用一半時間支付完畢，每月需付多少錢。		
我知道我們應付多少租金，租期多久，付給房東多少押金，以及我們有什麼租屋權利。		
我知道如果我們的家或財產遭受損壞或被盜，我們的保險單是否能為我們提供理賠或實際現金價值。		
我知道我們夫妻儲蓄所占收入的百分比。		
我知道我們的所有投資種類和金額（包括現金、支票帳戶、儲蓄帳戶、貨幣市場帳戶、共同基金、股票與債券、房地產投資、收藏品，如郵票、硬幣、藝術品等。）		
在過去一兩年間我核對過我們的人壽保險單，在現今保險市場上我們的保單具有競爭性，我對此滿意。		
我也知道所有的相關檔案與憑證放在何處。		
我知道以上提到的所有投資的年收益。		
我知道我們每人向各自的預備退休金帳戶上投入多少金額，這些錢是否達到最大允許金額。		
我知道我們退休時每人將得到多少社會津貼，我們的老人津貼是多少。		

我知道我們是否有遺囑或生前信託，條款內容是什麼，最新內容是什麼。		
我知道假如我或另一半失去工作能力，我們的收入是否受重大傷病險的保護。如果我們確實擁有重大傷病險，我知道保險金額，理賠何時給付，是否扣稅；如果我們沒有重大傷病險，我知道為什麼沒有。		
我知道另一半的父母如何理財，且知道這對我的另一半如何管理我們的錢有什麼影響。我知道另一半萬一染上重病或身受重傷所需要的醫療服務。我知道我們的遺囑是否針對這種情況有所描述。我也知道是否願意捐獻身體器官。		
我知道另一半在近兩年是否參加過投資補習班。		

評分：

每次回答「是」得 1 分，回答「否」得 0 分。

14 ～ 18 分：太好了！你和另一半顯然經過共同規劃，真正掌握了自己的財務狀況以及雙方對錢的概念。

9 ～ 13 分：你們並非完全不了解情況，但對有些問題的概念不夠，需要坐下來好好談談。

低於 9 分：你們沒有談論錢的習慣，對嗎？因為不了解情況，你們常常受到財務問題的打擊。你們需要學習如何合作，以便保護自己未來不會遇到財務災難。

專家建議：理財準備要趁早

著名作家張愛玲說：「出名要趁早呀！」理財同樣也是，越早做好理財的準備，你就有機會了解更多資訊和理財產品，越早累積財富，賺到家庭的第一桶金。因此為了你們的愛與未來，做好準備理財吧！

夫妻理財不得不掌握的技巧

結婚建立家庭後，理財就成為夫妻雙方的共同責任。那麼，怎樣根據雙方經濟收人的實際情況，建立合埋的家庭理財模式呢？

郭氏夫婦今年剛剛結婚，一旦走入婚姻進入家庭後就不再像以前只有二人世界那麼簡單了，如養育子女、購買房屋、添置家用設備等，同時還有可能出現預料之外的事情，也要花錢。

兩人都是白領貴族，過慣了單身的自在生活，當面臨家庭問題時，就顯得有點手忙腳亂了，聽見別人說買股票比較賺錢，就投了很多錢去買股票，聽別人說買基金比較安全，又投入了一大筆錢買基金，結果弄得自己手中沒有一點流動資金，兩人常常為理財的事情吵架。

對於像郭佳這樣剛建立家庭的年輕夫妻來說，在理財時夫

妻雙方要周密考慮未來，擬定長遠計畫與具體收支安排，有計畫地消費，量入為出，累積家庭財富。

都說花錢容易賺錢難，事實的確如此，很多剛結婚的夫妻不怎麼注意節儉，且年輕家庭的經濟基礎通常都比較薄弱，衝動消費常會使人增加沒必要的花費。要懂得排除這些誘惑，扣掉日常生活開支，將雙方的空閒資金放進銀行儲蓄、購買保險，經濟條件好的可投資證券基金或股票等，藉由精心運作，使家庭資金達到滿意的收益。可以採用以下幾方面的技巧：

在家庭財產累積之初，選擇低風險的投資方法，最好以銀行儲蓄的方式累積資金。

購買房地產對一般家庭來說是極其巨大的負擔，因此，應該在深思熟慮後謹慎實行。

為家庭資產情況畫個圖示，這樣做可以使你隨時了解家庭資產的變化。

多元化你的家庭資產。家庭資產的組合要做到固定資產、貨幣資產和金融資產這三者大致處於合理、協調的狀態。

讓家庭資產保值、增值。

根據實際情況，將家庭資產中的一部分拿出來做短期投資，以使你的家庭資產「活」起來。如果你選擇的是中長期投資，那就很難考慮這一點，只有採用短期投資方式才能達到這種目的。

平常多關心稅制的執行和變化情況，必要時應改變你的家庭儲蓄策略，必須果斷行事。適時調整投資方向和注重投資安全，這樣做有利於規避理財風險。

做好長遠打算，為你的退休做好準備。退休前你最好用其他投資方式來彌補社會保險措施的不足，以確保晚年生活經濟無虞。

綜合考慮，保護好你的家庭。在疾病、意外傷害、人壽、財產保險、家庭理財制度等等方面都應該有所考慮，做出安排。

專家建議：一定要讓錢流動

應該讓金錢流動，這樣才能讓錢更有意義。錢是不能休眠的。當今經濟社會發展日新月異，資金只能在投資流通中保值和增值。投資理財可能成功失敗，各自的機率至少是一半一半，但如果讓資金停滯不動只會造成損失。

夫妻理財要溝通

在家庭的經濟關係上，不論家庭成員誰的收入高，誰的收入低，地位都應該是平等的。因此，家庭財務原則應由夫妻雙方共同管理，在理財權利上不分主次高低。但是理財的具體方式，可在共同協商的原則下共同訂定。下面列舉幾種有用的家

第一章　夫妻理財要定位好

庭理財方式，以供參考。

一、收入放在固定地方隨意取用

　　夫妻雙方把工作收入都放在一個固定地方，可以各自隨意取用。這種方式的好處是顯得親切自然，互無戒備，互不干涉，取用自由方便。但是也存在不可忽視的缺點。像是容易形成支出無計畫無節制，不利於家庭經濟計畫。這種方式的改善方法是，先把當月的固定開支、必需開支以及儲蓄金額按照儲蓄計畫扣除，放在一處，由一人主管；把剩下的錢作為平時零用，單獨放在一個地方，夫妻二人隨用隨取。

　　採取這種理財方式要注意的是：首先，最好採取「改善版」，也就是說，盡量做到大開銷有計畫，小額零用取用自由。再者，一旦花過了頭，出現了赤字，或者月初寬裕月底緊，雙方感到不便了，千萬不要互相猜疑、指責對方胡亂花錢，應該本著互諒互讓、既往不咎的精神，先從約束自己「大方」的毛病開始，盡量為對方的花費用度多留一些錢。這樣，不僅可以糾正花錢不手軟的毛病，還能有增進夫妻感情的「額外」效果。否則雙方產生爭執，很容易從夫妻之間互無戒備轉化為互有芥蒂，使這種親切自然的理財方式大打折扣，影響夫妻感情。

二、把家庭財務大權交給一方掌管

我們要說的第二種方式是家庭財務大權由夫妻中的一方管理，另一方用錢時，向對方臨時索取。這種方式的好處是較易於嚴格按家庭計畫行事，使另一方不為家務分心，集中精力於學習或工作；如果另一方有花錢大方的毛病，也能夠限制對方，但是它的缺點也是明顯的。那就是如果一方管得過於嚴格，或者對另一方過於苛刻吝嗇，輕則影響另一方的正當生活，使其感到不便，重則使另一方產生抱怨不滿，由此而導致夫妻爭吵不止，造成家庭不和睦等。

採取這種理財方式要注意的問題是，掌理家庭財務大權的人首先一定要做到民主合理，充分考慮到對方的合理花費，在經濟條件允許的情況下，可以滿足對方合理需求；也要能夠聽得進對方對自己理財的建議。再者，要出以公心，不能嚴以待人寬以律己，要珍視對方或全家對自己的信賴和委託，開支要嚴格按原訂計畫行事。第三要做到帳目清楚、公開，樂於接受對方或全家的監督。這種理財方式的改善方法是，把對方必需的日常支出預支給他（她），但千萬不要這樣做：每一筆細小開支，都要對方先報「預算」，提出「申請」，然後再酌情「批准」付給，或者「駁回」拒付。

第一章　夫妻理財要定位好

三、大團體小自由原則

即由夫妻根據各自的收入、支出情況，雙方共同議定各自每月應該交入「公庫」的金額，歸為全家「大團體」當月的共同開支：各自餘下的金額則屬於個人的「小自由」部分，可以由個人全權處理。這種方式的好處是明顯的，不必贅言。有人以為這種辦法顯得「生疏」，不如大家一起用來得親切。其實，這不過是一種篇見而已。這種辦法雖然是「公留私用，節約歸己」，但是仍然能夠且應該互通有無，相互支援。像是一方使用剩餘的錢，為對方買點必需品，在對方生日或外出時買點紀念品，饋贈對方，這樣做能顯得更親切更有意義。

在家庭中，只要夫妻之間互諒互讓，平等和睦相處，不論採取哪種方式理財，都是可以的，不必拘泥形式，也可共議採取其他方式或者上述方式的綜合改良型。

專家建議：夫妻共同努力，合理計畫家庭財富

每個家庭的生活和經濟狀況都是不同的，因此，理財的方法也會有所不同。但是有一點是相同的，成家後，理財成為夫妻雙方共同面對的問題。只有夫妻共同努力，才能把家庭的收入和支出進行合理的安排和使用，把有限的財富最大程度的運用，最大限度的保值、增值，不斷提高生活品質和規避風險，以保障自己和家庭經濟生活的安全和穩定。

夫妻理財應透明

　　一旦步入婚姻的殿堂，你將與你的另一半生活在一起，你們住在同一個屋簷下，睡同一張床，一起打造你們共同的愛巢。不論有沒有舉行盛大的婚禮，有沒有穿過漂亮的結婚禮服，結婚後你們都要共同相處，要在同一片天空下生活，共同度過人生的大部分時間，平時會交流各自想法，也要一起處理一些日常生活事務或突發事件。

　　有人說，夫妻就是互補的半圓。一人撐起半邊天，構成一個完整的圓。可在理財上，互補卻不是正負相加那麼簡單。拿買股票舉例，一個想著放長線釣大魚，一個卻準備賺完錢就走；一個想著再等等看看，一個卻等不及進場，一次就賭上身家。理財的方法越多，算盤珠子打得越響，想法多了，時間長了，這吵吵嚷嚷的事情也多了起來。

　　最近，結婚不到兩年的麗麗總向周圍的朋友大吐苦水：「我越來越發現我老公有多麼的不可理喻，他在外面很捨得花錢，從來不和我商量，講究排場。家裡經濟壓力很大，既要還車貸，又得還房貸，可是他從來不想著這些，想讓他節省簡直比登天還難。」

　　麗麗說，她和老公談戀愛的時候就覺得他出手挺大方的，

第一章　夫妻理財要定位好

結了婚以後才發現，他總是對別人「大方」，自己家裡那麼多地方要花錢，他卻說自己要應酬朋友，希望妻子能「理解」。結婚前原本原本約定要做一對自由前衛的夫妻，開銷實行 AA 制，各人管各人的錢，可是現在看來，一對夫妻再前衛再另類，過起日子來還是柴米油鹽醬醋茶，樣樣都得精打細算。

針對麗麗的「理解」，老公也顯得很不滿。他很苦惱：作為一個男人，妻子每天對他口袋裡錢的來去都查得仔仔細細，而她自己卻時不時地買新衣服、新鞋子，也從來不向他匯報。結婚後，按照先前的約定他和妻子實行財產 AA 制，因為他的薪水比較高，所以麗麗希望他能多付出一點，但是正在為事業奮鬥的老公除了負擔家庭支出，更多的財力都花費在應酬、接濟親友、投資等事情上。因為妻子管得過死，他心理上接受不了，反而變本加厲地「交際」。誤解由此蔓延開來。

面對種種家庭矛盾，專家說，不透明的個人財產數目和個人消費支出是這對夫妻矛盾的真正核心，麗麗和她老公的獨立帳戶都不是向對方公開的，彼此之間也沒能良好溝通每筆花費的去向，失去了夫妻之間最基本的信任感。因此，夫妻之間財務一定要透明，要建立在相互尊重和信任的基礎上，各顧各的一畝三分地是無法達成夢想的，而且對於收入分配、費用支付、帳戶處理等等都要拿到太陽下晒一晒，不要悶在心裡糾結。這樣既可以控制各自不良的消費習慣，又能對清楚明瞭彼

此的財產,並隨時可以調整理財策略。

一、決定家庭中費用的支付和分配方式

上班族要決定家庭中費用的支付和分配方式,合理分配手中的錢,像是:夫妻雙方應清楚知道對方可供自由支配的錢有多少,這部分的金錢是否完全屬於他或者她?家中日常開銷如何分配,平均分攤或分項負擔?是不是賺較多錢的一方負擔更多?遇到重大財務支出,像是買房子、給孩子繳學費等事情時是否將其中一方收入作為生活費用,而將另一方的收入全部存下來?

二、設立兩個帳戶

夫妻雙方可財產分為兩個帳戶:一個是共用的帳戶,即夫妻兩人均可提領;另一個是各自獨立帳戶,即只有開戶者可以使用。使用共用帳戶,夫妻會因它是共同帳戶而有較高的認同感。開立獨立帳戶的一個好處是帳務清楚,如果夫妻有特殊的財務負擔,如贍養費或父母生活費等,獨立帳戶也較為方便。

不管採取何種方式,最重要的事情是,你要相信你面前深愛的這個人,相信對方的真誠,彼此敞開一顆透明的心,再多的矛盾都會迎刃而解。

專家建議：夫妻理財相處技巧

1. 開誠布公、實實在在地與配偶討論錢財問題。沉默只會帶來不堪設想的「驚慌」。
2. 把債款加總看看共有多少，再擬訂償還的方案。
3. 與配偶協商解決開立帳戶、分帳和投資的問題。不論是合帳還是分帳，指定一個做「管家」，負責支付帳單、平衡收支、操作投資的工作。
4. 要清楚錢的去向。即便你的配偶是理財高手，你也應該了解全家的帳目，了解你本人欠了多少錢。
5. 不要計較配偶的一次小小的揮霍。夫妻雙方應留點可供自由使用的錢。
6. 購買昂貴物品時，夫婦要互相商量。
7. 不要在外人面前批評配偶用錢不當。

夫妻理財九大禁忌

　　理財，並不是一件很簡單的事情，打理好了，它能幫助你解決家庭困境，增加財富，弄不好，也會讓你雞飛蛋打，顆粒不回。因此，趕快來聽聽專家的意見，看看夫妻理財有哪些禁忌。

第一大禁忌：不清楚自己的家庭底細

即指在日常生活中，由於個性的懶惰或糊塗，長期不進行家庭財產的清理，對自己擁有的財物的品種、數量、價值以及存放地點等心裡沒有數，而且經常因此造成財物保管不當、重複購買等不應有的浪費。

事實上，做到這一點並不難，一、對自己的家財產進行清查，對財產數量和物品的件數瞭若指掌；二、對家庭財產進行登記，建立財產檔案，便於平時自己清查；三、進行分類保管，既幫你節省尋找時的時間，又幫你省掉不少煩惱，一舉兩得。

第二大禁忌：經常透支

正常的家庭消費一般是先有收入，再根據收入訂定支出。經常透支的消費行為是無收入的時候就已經開始消費了，造成消費與收入的錯位。雖然超前消費在現代已經成為一種消費時尚，但在你消費之前，一定要評估一下自己的口袋，自己能不能承受圖一時之快而帶來一系列後果。量入為出，就不會驚慌失措。

第三大禁忌：衝動消費

常常因為看到一件心儀的東西而不顧一切地衝向銷售點，等買回來後才發現東西不適合自己，沒有全面地收集資訊，也

33

沒有進行認真地分析研究，僅憑自己的直覺隨便做出判斷。在現實生活中，像這種隨意輕率、不思而行的事情數不勝數，給家庭造成了不同程度的損失浪費，有時甚至釀成大禍。

第四大禁忌：盲目攀比

是指不考慮自己的實際條件以及真正的需求，不惜所有代價地勝過別人的爭強好勝行為。盲目攀比的人很容易造成不必要的浪費，加強個人的消費欲望，給家人徒添煩惱。

家庭狀況不同，消費內容和消費方式也不一樣。知足常樂，是很重要的生活心態。因為生活的幸福感不僅僅反映在物質條件，更重要的是人們對這種條件的感受。

第五大禁忌：有害消費

是指買春、賣春、買賣毒品等等違法或是對身體有極度不良影響的消費行為，這種消費行為造成家庭身心負擔沉重，更為社會所不容。要想防止有害消費，就要充分了解以上行為對身體的危害，並堅決不接觸。

第六大禁忌：不清楚自己的實力

這是指在個人投資活動中因為求財心切，既不考慮自己各方面的實力，又無視客觀存在的困難，盲目追求高目標，選擇

力不能及的金融產品或是理財方式，從而導致失敗的行為。

防止此類行為，首先要對自己有正確而全面的了解，不要高估也不能低估自己的能力，要訂定適當的目標，結合自我能力與客觀條件，在「知己」的前提下進一步「知彼」。

第七大禁忌：分散財力

在進行家庭投資時，為了獲取更多的收益，不加選擇地把有限的資金拆開，分別投放到均無成功把握的若干項目上去，不肯放棄任何機會。孰不知這麼做蘊涵了巨大的風險。家庭的經濟能力有限，如果再將它切割，就很難辦成大事。

第八大禁忌：知難不退

遇到困難和挫折時，有些投資者自以為是「機會」，沾沾自喜，沒有意識到問題的嚴重性，或者過分貪婪某些利益，不能及時、果斷地進行退場或轉移，使自己陷入困境中，導致家庭陷入財政危機。

因此，當你面臨困難時，要審時度勢，或者退場或者轉移，正所謂「識時務者為俊傑」。

第九大禁忌：存錢成癮

存錢，是為了累積資金，但如果你一味地存錢，忘記了存

錢的真正目的，為了存錢而存錢，把存錢當成唯一的嗜好，那麼，你將會錯失很多投資、發財的機會。理財，不單單是存錢，而是讓你現有的手中的錢去幫你賺更多的錢。

專家建議：規避理財禁忌，讓你越理財越多

世界上每一個事情、每一個物品都有自己的缺陷，懂得避免暴露缺陷，展現美好的一面是非常明智的做法。理財也是一樣，了解並懂得規避理財禁忌，將讓你的財越理越多。

第二章
做好家庭理財規劃

　　理財不是富人的專利，而是一套任何人、任何家庭都可以學習的技術和方法。理財作為家庭的重大經濟活動，必須要做好規劃，沒計畫便無從著手，不管是消費還是投資都會失去控制，陷入迷茫，招致失敗。

富裕人生八大計畫

家庭理財，就是合理、有效地處理和運用錢財，讓自己的花費發揮最大的效用，滿足日常生活所需。從技術角度看，家庭理財就是以開源節流的原則，增加收入，節省支出，用最合理的方式達到家庭所希望達成的經濟目標。這樣的目標小到增添家電用品、外出旅遊，大到購房買車、儲備教育基金，甚至安排退休後的晚年生活等等。

事實上，很多人擔心他們沒有能賺到足夠的錢來舒舒服服地享受生活。為什麼呢？因為總是會有一些東西讓你覺得花錢比存錢好。請記住，如果沒有財務計畫，你也許永遠也不能賺夠錢安心退休！

因此，如果你想享受富足、舒服的生活，就要拿出詳細的理財計畫。正所謂「凡事豫則立」，一個成功的計畫代表理財成功了一半。下面有一個完備的家庭理財計畫範例，它包括八個方面：

一、訂定長遠的職業計畫

選擇適合自己且發展前景好的職業是人生中重大的抉擇，這一點對於那些剛畢業的年輕人來說尤為重要。如果你沒有找到自己的發展方向，如果你沒有對自己的職業生涯做好規劃，

你很有可能虛無縹緲地度過一生。因此,我們把職業計畫放在第一。

二、建立消費和儲蓄計畫

口袋裡有多少錢,有多少錢能夠買今天的麵包,有多少錢用於買明天的轎車,有多少錢要放在銀行裡,你必須做到心中有數。這樣,你才不會將自己置於入不敷出的尷尬狀態。

三、尋找適合的投資計畫

當你的錢包漸漸鼓起來時,最迫切的就是尋找適合的投資方式,能夠兼得收益性、安全性和流動性,讓錢為自己服務,進而累積更多財富。

四、選擇合理的避稅計畫

依據收入繳納個人所得稅是每個公民應盡的義務,但是你完全可以經由調整自己的投資行為,選擇合理的避稅計畫,合法避稅。

五、管理債務計畫

不可否認,沒有一個家庭是在平淡無奇的沒有債務的日子裡生活,水電費、電話費、保險費 …… 都算是債務的一部分。因此,加強債務管理計畫,將其控制在合理的標準上,使債務

成本盡可能降低，能讓你生活得如魚得水。

六、實施可靠的保險計畫

當你年輕時，你可以跳、可以跑、可以越野、可以涉水、可以……但是，當你漸漸變老，當你因為工作的繁忙無暇照顧年老癱在床上的老人，當你突然失蹤，當你不小心遭遇意外，你因毫無保障而感到彷徨無助。因此，實施可靠、適合自己的保險計畫，如人壽保險、養老保險、醫療保險、意外傷害險、財產險，將讓你在獲得安全感的同時，得到更多的保障。

七、設計詳細的退休計畫

一個人在年輕時除了奮力拼搏之外，閒暇時要思考關於退休的計畫，設想一下，若干年後你的晚年生活環境以及消費環境如何。要想退休後生活得舒適、美滿，必須在有工作能力時累積一筆退休金。

八、做好周到的遺產計畫

一輩子，走過多少路，見過多少人，經歷過多少事，或多或少會有一些遺產，把你畢生經驗和財富毫無保留地傳給你的下一代，你的精神和輝煌將無限延續。但是，在做遺產計畫時，一定要周到、全面地處理把財產留給繼承人時各種問題，

如何理財、如何投資以及如何避稅等。

附：遺產稅的來歷

遺產稅是一個古老的稅種。早在古埃及、古希臘和古羅馬帝國時代就曾開徵過遺產稅。近代遺產稅始於西元 1598 年的荷蘭。目前全世界有一百多個國家和地區開徵此稅。

遺產稅即對死者留下的遺產徵稅，國外有時也稱為「死亡稅」。遺產稅有助於加強對遺產和贈與財產的調節，防止貧富過分懸殊。

專家建議：學會訂定理財計畫

理財不是與生俱來的技能，你需要學會訂定理財計畫，來實現自己的生活目標。一個人、一個家庭理財的成功與否，關係到一生的幸福。因此，每一個人、每一個家庭應該充分了解家庭理財的知識，熟悉理財產品，掌握理財技巧。

理財規劃要有目標

有人一提到理財計畫就頭痛。有些人甚至表示從沒有想過這個問題。

訂定一份理財計畫真的很難嗎？

　　其實，只要你明白自己的理財目標，並且有決心堅持下去直到完成，那麼，掌握自己的財富就不像你想像中那麼困難。

　　請你仔細閱讀下面這個例子：

　　假設在你的日常生活中，你的財富或主要投資方案並未發生重大改變，你這一輩子仍然可以賺進一大筆財富。假定你和你的配偶現在是 25 歲，家庭收入屬中等偏上，每人年均收入約 60 萬元。如果你們一直工作到 65 歲，而且從來沒調過薪，甚至連生活費都沒有增加過，那麼 40 年下來，你們至少將賺進 4,800 萬元的收入。如果你的薪水每年調高 3%，相當於通貨膨脹的比例，你們的總收入將會超過 4,944 萬元。這些錢的確讓你成了富豪。如果你升遷，你的生活費也跟著提高，那時，你賺到的錢還會更多，有可能會超過 5,000 萬元。

　　既然如此，你準備如何利用這筆錢呢？看著它一點一滴地流失，或是善加利用呢？這時訂定一份理財計畫便相當重要了。

　　如果把理財比做旅行的話，需要確定以下幾個重點：你現在在哪裡 —— 就是目前的家庭經濟狀況；要到哪裡去 —— 將來的理財目標；如何到目的地 —— 實現目標的方法和步驟。只要遵循這三個步驟，理財目標也就近在咫尺了。 這三者中最重要的就是理財目標，因為所有的工作都是圍繞它來做的。

　　因此，做好家庭理財的第一步就是要做好家庭理財規劃。一個好的家庭理財規劃至少要妥善考慮家庭經濟生活中的幾個

重要問題：

- 　適當開源，增加家庭收入，利用各種投資增加資產的價值。
- 　控制預算，盡量節流，削減不必要的支出。
- 　妥善思考家庭重要支出事項（如高額教育經費），有效累積鉅額、長期資金。
- 　保障家庭財產安全，妥善進行家庭資產管理。
- 　處理好家庭理財風險問題，防患於未然。

在擬定家庭理財規劃時，最重要的原則是：所有的目標必須具體、有可行性。

主要表現在：

- 　理財目標一定要明確、量化。
- 　對自己家庭的財務狀況力求了解得透澈精準，切忌好高騖遠，不切實際，防止在理財過程中顧此失彼。
- 　家庭理財要將珍貴的貨幣資源用得其所，為家庭創造更大的效用和收益。

另外，在訂定家庭理財規劃時，還應注意到在人生的不同階段，其財務需求和目標是不同的，這便形成了極受世人關注的生命週期理財規劃理論。所謂生命週期，大致可分為如下幾個重要階段：

- 　成長期：指從出生到 20 歲左右，其重點是受教育和學

習與就業相關的知識和技能，在財力方面主要依靠父母或其他來源。

- 耕耘期：這時開始工作，步入社會，這期間財務上主要是滿足成家立業、教養子女的需要。
- 收成期：指 40 ～ 60 歲之間，這期間收入漸增，地位漸高，子女慢慢長大成人，也是為退休做財務準備的階段。
- 休養期：指退出工作，安享晚年，處於這個階段的老年家庭，其財務問題主要是如何妥善運用手中的退休金和積蓄。

因此家庭理財的規劃，必須將生命週期中的不同階段目標突顯出來，以滿足家庭不同生活階段的具體需求。

確定家庭的財務目標，訂定財務計畫，運用各種理財工具，不斷累積並合理運用財富，從而實現這些目標。在這個過程中，最好不要把竭盡全力仍難以達到的目標列入計畫中，任何人都不能也沒有能力把所有的事、希望和理想全列入計畫並確實實現，家庭理財規劃要充分權衡思考各項目標的利弊；不純粹是為了錢而訂定理財規劃。不可否認的是，一個切實可行的理財目標會使你的生活充滿樂趣，賺錢也有了動力。

> **專家建議：玫瑰的啟示**
>
> 一位園丁說：「第一次養玫瑰時，犯了一個錯誤，就是剪芽過早，結果玫瑰開始枯萎」。一位更有經驗的園丁教導他，要等玫瑰叢枝繁葉茂的時候修剪。經過適當的養護，玫瑰就會長得豐茂健壯，甚至可以代代相傳，香飄萬里。
>
> 其實，我們的投資很像玫瑰。如果過早地剪枝收割，投資可能會最終縮小得無法再滿足我們的需求。

實現理財計畫的訣竅

理財，僅僅有計畫是不夠的，在你清楚了解自己的經濟現狀以後，你的主要目標就是積極地去利用現有的資本實現自己訂定的各個理財目標。

因此，理財的最大敵人便是拖延。

當你訂定了目標，也知道大概需要多少錢才能實現目標以後，你就應該開始投資了。要想讓你的儲蓄及投資計畫發揮功效，下面有三個訣竅：

一、絕不拖延，立即行動

不論現在的你是 20 歲還是 60 歲，立即行動便是成功的關

鍵。情況很可能是你省下來的東西不會變得更便宜，反而會變得更貴。你存錢越早，你就越能享受到理財所帶來的好處。

　　我們來舉個例子：假設你一個月可以存 500 元，如果你將這筆錢投資在報酬率為 8% 的產品上，你可能一開始會認為，年底時你將擁有 6,000 元的本金，再加上 480 元的利息收入，十年後的餘額則是現在的一倍，也就是 64,800 元。但事實上，十年後你所擁有的總額將超過 91,475 元 —— 因為本金賺得的利息，還能以利滾利的方式為你賺進更多的錢。

　　開始得晚，最後的結果便會大大不同。假設從 20 歲起你便開始在個人退休金帳戶中每年存入 10,000 元，如果你的年報酬率為 10%，到了 60 歲，你的退休金將累積至 527 萬元。但是你的朋友一直拖到了 45 歲，才開始投資個人退休金帳戶。如果他希望擁有和你一樣多的退休金，他一年至少得存入 47,665 元，而且是在相同的投資報酬率下才有可能達到你的累積金額。

　　如果你的積蓄還不多，你也不必為此沮喪。不論你現在年紀多大，你還是比根本不行動的人有機會。即使你口袋裡只有 500 元，你也應該朝著自己的目標，開始存錢。堅持下去，定期存下一定金額的存款。即使你只能做到這種程度，也能產生效果。只要開始實踐，懷著一顆堅定的心，你將會發現，會有力量推動你去實現目標。

二、先對自己投資

　　這是一個很好的建議。每個人對待自己儲蓄及投資計畫的態度，應該像對待一張必須立刻付清的帳單一樣，逼迫你行動，你的財富累積計畫才會前進。

　　不要給自己任何理由，不要說你還有多少物品沒有買完，那麼多餘的東西最後只能變成垃圾，不要說你還有多少美食沒吃到，那麼誘惑人的食品只是誘餌，千萬不要上當，不要等到月底才把剩下來的錢存起來，在發薪水的這一天，定個適當的數目先存下來，即使只有幾百元也可以。

　　當你付清了信用卡帳款、汽車貸款，甚至是房屋貸款，同時也養成了定期付款的習慣時，你為什麼不把這些錢轉移到儲蓄帳戶、貨幣市場，或者投資帳戶中呢？你已經習慣把錢付給別人，現在何不把這些錢付給自己呢？

三、逐漸調整存款比例

　　節省的 10% 是個不錯的開始開始做。如果你覺得太難了，當然也可以從 5%。每一個小的進步都會讓你感到驚喜。

　　一位個人理財專家在二十多歲成為單親媽媽，當時她措手不及，不知道自己應該怎麼做，如何讓生活過得更寬裕，如何讓孩子生活得更好。她真的不認為自己有餘力存錢，但是當有一位摯友提醒她、催促她，告訴她要從小錢開始存起，而且絕

對不要忘了存錢。後來,她把存錢的比例調高到 7%,最後又調高到 10%。

　　不論你從哪裡出發,請記得將你的儲蓄及投資計畫設定在自我能控制的狀態。不論你的理財計畫有多遠大,請記得抓住眼前的,才是最重要的。

專家建議：理財計畫要合理搭配

家庭理財有點像「理財營養」,營養專家建議飲食要在水果、蔬菜、牛奶、肉等食物中合理搭配。這正如理財計畫一樣,要在資本保全型、收益型、價值型、成長型之間合理搭配。如果你只專注於其中一樣,你就會生病。同樣,隨著年齡的增長,如果你不調整搭配,你也會生病。因此,搭配出適合自己的理財計畫,才是最健康的。

夫妻理財規劃要長遠

　　一個家庭,如果能長久充滿溫暖與微笑,不會為明天的早餐煩惱,不會為後天孩子們的學費擔憂,那麼,這個家庭一定有一套適合自己的理財方式,經由這樣的家庭理財方式就能顯著地提升家庭資產,提高生活品質,並讓家庭資產持續增值的潛力充分發揮。要達到這樣的目標就好像馬拉松賽跑,不是一

朝一夕就能到達終點，需要你一步步突破路上的各種困難，才能達到成功的終點。

　　總體來說，家庭理財規劃具體分為以下幾個步驟：

一、培養家庭理財意識

　　首先，要改變自己錯誤的觀念，即認為工作是財富累積的唯一途徑，而忽視了理財在累積財富過程中的作用。

　　事實上，理財是一種創造財富的行為，經由理財省下的每一分錢或藉由投資增值的每一分錢都與他們在外面奔波辛苦賺到的每一分錢等值。理財是一種使家庭財富保值、增值的手段，它是一個藉由對家庭收支的有效管理、合理運用，來實現家庭經濟價值最大化的過程。因此，除了用努力工作創造財富外，還要培養理財的觀念，從身邊著手理財，否則就將與理財所帶來的種種好處擦肩而過。

二、理財需要有耐心

　　一聽說理財，很多人認為這是一件很深奧的事。其實，只要你捨得抽出逛街、上網等部分閒暇時間，運用自己的耐心，鑽研學習，成為富豪並不是一件困難的事情。因此，家庭理財最重要的人格特質就是有耐心。

三、訂定詳細的理財計畫書

家庭理財的核心是一套不斷完善的周密「計畫」。既然是周密的計畫，那麼你就要嘗試訂定計畫書，這對家庭理財能夠順利進行下去至關重要。

這裡有一套理財計畫書的範例與書寫重點，希望能有助於「量身打造」出一份適合自己家庭的理財計畫。

評估家庭收支情況

這是家庭理財計畫的起點，它包括的內容有：初步分析家庭未來可能出現的收入和支出情況，清楚自己手中握有多少籌碼。

明確家庭理財目標

就像做任何事情一樣，會確定一個目標，然後朝這個目標努力。家庭理財的第一步就是明確目標。在評估家庭收支情況的基礎上確定理財的目標，目標又分為最近目標和最遠的目標，然後確定整個理財計畫中的重點。

了解理財計畫工作的前提條件

如果對具體條件了解得非常細緻和透澈，並能夠徹底運用，那麼理財計畫就會做得越細緻。在進行每一項計畫前，對

其自身和影響情況了解清楚，是非常重要的。

擬訂可選方案，透過綜合評價確定方案

在擬訂方案的時候，要避免只訂一個方案，因為只有考慮多種情況，擬訂出備選方案，才能在比較中找到最實際可行的方案。

訂定多重計畫

訂定多重計畫，是為了使家庭理財總計畫能夠得到補足並確實執行，畢竟總計畫要由小計畫來輔佐。就好比一棵參天大樹是由多根枝椏和葉子組成一樣，每一個部分都不可或缺，枝葉越多，樹的生命力越長。

量化理財計畫

這是計畫書的最後一步，也是最關鍵的一步。之所以要量化理財計畫，是為了讓計畫真正切實可行，達到預期所希望的目標。因此，量化理財計畫，要擬定詳細的理財目標，清楚每一步所要達到的效果。

第二章　做好家庭理財規劃

> **專家建議：理財投資應該目光長遠**
>
> 理財不是一天兩天的事，而是長遠的事，應該把理財投資作為一份事業來經營。因此，請牢記：「股票的起起伏伏有點像海洋，既有短期波動，也有長期波動。金融市場上的波浪現在可能非常低，但如果你看一下長期趨勢，潮還是很高的。我們仍然處於浪頭上。」

將雞蛋放到不同的籃子裡

假設我給你一張空白支票去買五輛車，你會買五輛完全一樣的車嗎？當然不會。

聰明的你一定會這樣買：一輛賓士用來中高速駕駛，一輛多功能休旅車適合各種天氣條件駕駛，一輛富豪（volvo）用來帶孩子出門時的穩定駕駛，一輛吉普車適合於應付惡劣路況。而你再怎麼愚笨，也不會花高價錢買一輛只有好看外殼而無法行於四處的豪華轎車，徒有外觀終究比不過能應付自如的小轎車。

家庭理財也一樣。有的人喜歡把所有的錢交給一個人管理，只關注一個面向，到頭來竹籃打水一場空，有可能本金都保不住。把所有的雞蛋放在一個籃子裡實在不是一個聰明

的做法。

　　從不足一提的促銷員到今天外商白領麗人，米奇的職業之路讓人滿是羨慕。她善於交際，並擁有穩定的客戶資源，在行內做得越久，收入自然就越高，一直上升目前的 5 萬元以上。她的丈夫忠厚老實，是一名高中老師，每個月收入在 5 萬元左右，因此，兩人的家庭收入為 10 萬元，他們是很節省的一對夫婦，除了日常開銷、按月償還銀行房貸以外（尚欠銀行貸款本息合計為 100 萬元），每月還有 5 萬元的結餘。不過，由於夫妻兩人均不善理財，面對不斷增加的收入，他們還是只相信儲蓄一條路，失去很多的投資空間。

　　不甘心的夫妻倆當然需要運用他們的智慧進行有益的財務投資。目前米奇一家把精力都放在賺錢上，對收入的打理缺乏長遠的規劃，像是，其收入較高，卻沒有考慮減少家庭債務；習慣把錢存進銀行，沒有積極涉足其他收益高、保障能力強的投資管道。總之，他們需要一條非常清晰、容易操作的理財方向。

　　為實現家庭財產的穩定增值，以應付將來生兒育女，以及換房、擴大經營等開支，理財專家為米奇設計了一套完整的理財方案：

第二章　做好家庭理財規劃

一、提前償還房屋貸款

目前，我們的房屋大都是貸款而來，如果夫妻已經是雙薪10萬元，存100萬元並不難，所以積蓄達到100萬元後，可以考慮提前償還房屋貸款。目前一年期存款利率僅為0.816%，而銀行貸款的年利率卻高達0.88%以上。所以，提前還貸是米奇減少家庭支出、改善資產結構的有效措施。

二、20%的收入進行儲蓄。

還清房屋貸款後，你就可以一心一意打理收入了。儲蓄是風險最低的理財方式，變現能力也很強，可以作為經營的準備金。近年來央行數次升息，利息收入前景看好。將20%的收入進行儲蓄，不但是家庭穩健理財的需要，也可以應一時之需。

三、30%的收入購買國債

國債是以國家信譽做擔保的金邊債券，具有收益穩定、利率高於儲蓄、免徵利息稅等優勢，根據家庭經濟實際情況，建議購買短期小額國債。這樣投資者既可確保自己最大限度地享受高利率，又可以在國債到期後，及時轉入收益更高的儲蓄或其他國債。

四、30%的收入用於購買共同基金

共同基金可以說是一種介於買股票和儲蓄之間的投資方式，適合許多白領一族追求穩健兼顧收益的投資組合。你可以選擇一家運作穩定、報酬率高的基金公司，購買他們發行的新基金，因為新基金建立後正趕上「炒底」，所以其盈利能力也相對較高。

五、15%的收入進行股票投資

如果時間允許，可以用 15%的收入購買一些能源、通訊等潛力股票，方便的話在家裡用網路看看大盤，適時調整持股結構，進行中長期投資。

六、5%的收入購買保險

養老保障通常是靠自己多賺錢，用積蓄來應付生老病死。在醫療費用不斷漲價的今天，萬一遇到意外傷害或重大疾病，自己的積蓄有可能是杯水車薪，難以應付。這時保險的作用就突顯出來了，投資你 5%的收入能對兩人的重大疾病、人身意外傷害提供有力保障。同時，你還可以購買集保障、儲蓄、投資功能於一身的儲蓄險。

經過以上方式，米奇一家可以安全度過慌亂無章的無計畫時代，全面掌握自己的財政大權，開始健康的理財之路。即便

遇到意外,也可以平穩過渡。

因此,面對千變萬化的市場,在進行家庭理財時,請你把資金放在多個籃子裡。就像摩天輪一樣,即使一個籃子反轉過來,你的其他籃子都還好好的。如果你把所有的錢都放在一個籃子裡會怎麼樣?如果有個籃子反轉過來了,你只有向上帝祈禱你放錢的籃子千萬不要是這一個。

專家建議:多樣化投資能降低風險

把錢分配到不同的籃子裡投資有點像買鞋。如果你一年用於買鞋的錢有 2,000 元,那麼你會用這 2,000 元去買一雙鞋嗎?答案當然是不可能。你可能會買週末穿的休閒鞋、鍛鍊穿的運動鞋、外出穿的正裝鞋、雨雪天氣穿的防水鞋、游泳穿的拖鞋,以及與各種不同服裝搭配的各種顏色和款式的鞋。

投資也是這樣。你需要各種不同的理財方式應對不同的情況,因為市場千變萬化。你一定要準備好。

不窮不富更要理財

如果你出身豪門,家財萬貫,你可以不用理財,因為有人會主動幫你打理,你不想理財都難。

如果你不屬於這種人,你就應該好好地理財了。因為你沒

有家底，稍有不慎，說不定突如其來的一場大病或意外，就能讓你風雨飄搖。更何況你上有老，下有小，今後自己還養老。即使你在銀行有那麼一點存款，也會像蝸牛一樣在原地踏步。

總體來說，收入不高的人要想理財，需要有一些觀念：

收入越高，日子並不一定越好：很多人總希望自己能不斷地漲薪水，有更多的收入，以為憑著這個就能過上幸福的生活。實際上，很多時候雖然收入高，但同時卻花了更多的錢去買更大的房子，買更好的車，日子反而過得更拮据了。如果你希望跳出這個循環，就應養成良好的理財習慣，認真克服一些不必要的欲望。

別把銀行當你的靠山：許多人為了安全方便選擇了存款，拿一點利息，卻活活把一座金山變成了一座死山。如果去投資，開始可能會賺不多，甚至還會虧損，但時間長了，聚沙成塔就有收穫了。

理財並不那麼複雜

用大量文字和圖表以及專家說明的投資產品，看起來很複雜，其實很簡單方便，像是基金，投資報酬總體上與活期存款差不多，但還有更大的獲利機會。多用點心，你就能看到學到很多知識，收穫你想要的東西。

57

掌握三把智慧鑰匙

　　三把智慧鑰匙即價值投資、分散投資和長期投資。價值投資就是你要物有所值的購買。分散投資，就是不要把雞蛋都放在同一個籃子裡。金融產品投資要分散，存款有一些，股票買一些，黃金也要儲備一些。因為不同金融產品的風險不一樣，有時可以相互抵銷。在同一種金融產品裡也可以分散投資，像是買不同類型的股票和期限不同的債券等。長期投資就是指進出場動作不要太快。

　　當你心裡裝進以下四條理念後，就收拾行囊，整裝待發吧！

　　量力而行，量入為出：掌握自己的經濟狀況，在保證了自己及家人的基本生活品質之後（如食衣住行等），再考慮理財消費，如子女如果有剩餘的錢也可以考慮投資在債券、股票或期貨上。

　　相信自己的判斷：理財觀念因人而異，人們看待問題的角度不同，問題的結果也會不同，要相信自己的判斷，不要輕易相信別人或者盲目地「跟風」。

　　努力降低成本：手頭緊的時候透支信用卡，又不能及時還清透支的錢，結果是月復一月地付利息，導致負債成本過高，這是最不明智的做法。要做到「貨比三家」，隨時都要問清楚各

種費用如傭金、行銷、管理費用等，把這些記住，你自己能做的越多，你的成本便越低。

向專家諮詢：有些投資需要高度的專業知識，投資之前可以分析一下專家提供的資訊，綜合不同的建議，做出自己的決策。

如果你能堅持上面這些基本原則，你在這場遊戲中便已經居於領先了。在你能夠自在地完全遵循這些原則前，千萬別再去想些更複雜的策略。當你背負著沉重信用卡帳款時，花費大量的時間、精力去研究股票投資，根本就是件不值得的事。如果你試圖集中精力，一次同時應付好幾件事，最後的結果可能會讓你既困擾，又失去信心。

只有按規律辦事，堅定信心，把自己的理財目標一個一個實現，你才會做到用投資增加財富，運用理財使自己及家人的生活品質提高，還能擴大投資，這是一個良性循環。只要你這樣做了，平凡的你不久後就會變得大富大貴了。

附：世界上著名的「摳門」榜樣

米克‧傑格（Mick Jagger）身為滾石頭樂隊的主唱，擁有價值 1 億 7,500 萬英鎊的財富。耶誕節時，他的朋友送給隨從的禮物是凡賽斯（Versace）的名牌產品，而他拿出的卻是價格低廉的禮物。

> **專家建議：理財是一種觀念**
>
> 理財是一種觀念。不管你相信也好，不相信也好，一個真實存在的事實就是：會理財的人，更容易致富。世界上的眾多富豪都是理財高手，只要從現在開始，你也重視這個問題，致富指日可待。

投資要趁早，小錢要用好

說到理財，很多人總以為是有錢人玩的遊戲，自己口袋裡那點錢自己都不夠花，哪還有錢來理財？如果你這麼想，真的是大錯特錯。理財，不在於你口袋裡錢的多少，而在於你有沒有理財的觀念，會不會利用每一分錢。只有用好了小錢，將來才能運用大錢。

沙沙一畢業就結婚了，婚後也沒有找到合適的工作，由於自己的專業是室內設計，所以平時利用自己的特長做一些小型設計賺點錢，閒暇時在網路上開了衣服專賣店，平均每月能賺個一萬多元，因此，一年下來，帳戶存了五萬多元。而她現有的五萬多元的積蓄目前還僅僅停留在最傳統、最初級的活期儲蓄形式，根本沒什麼收益。

那麼，像沙沙這樣擁有少量積蓄的「投資懶人」，要怎麼讓

自己的錢動起來，如何鍛鍊自己的投資能力呢？

一、訂定適合自己的理財計畫

單身的年輕人總是比較自在悠閒，滿腦子就只有「一人吃飽，全家不餓」的觀念。但是人畢竟要長大，要負擔自己的責任，要走過結婚、生子、養老等等各個人生階段。每個階段都有每個階段的需求，因此，把你今後的短期、中期和長期的目標變成計畫，記錄下來，你才會知道自己要做些什麼。

最好能把大大小小、你最想實現的人生財務目標羅列出來，然後根據輕重緩急，按照先聚財、後增值、再購置資產等順序，訂定自己的理財計畫。先從第一個目標開始，達到第一個目標後，就可向難度高一點、花費時間長一點的第二個目標邁進。

二、學會管理手中的現金

剛剛工作的一兩年內，一般年輕人的積蓄不多，要想投資門檻較高的股票或是購買國債、期貨等，無異於痴人說夢。在這個階段，首要的是管理好現有的小量資金，等雪球滾到一定程度後，再慎重選擇，做其他投資。

在這裡，我們建議沙沙採用「信用卡＋貨幣市場基金」或者「定期定額投資基金」的方式，是比較有效的管理方式。一般信

用卡的免息預借功能，對於現金流不足的年輕人來說，可以加以利用，方便購置一些生活必需的較昂貴物品。最重要的是，對於收入還不穩定的年輕人來說，信用卡還能有「及時銀行」的功能。把錢從銀行裡取出來，選擇安全性較高的貨幣市場基金，則能在獲得較好收益率同時，不損失資金的流動性。

　　對於喜歡無目的消費的年輕人來說，如果想多存一些錢的話，可選擇定期定額投資基金，這樣可以代替每個月留存的活期儲蓄部分。現在不少銀行都開通多家基金公司的基金定投功能，沙沙這樣的年輕人可以把自己的收入帳戶與基金帳戶設定關聯，每個月約定轉帳一定金額用於購買基金。等慢慢熟悉了基金的各種知識後，可以再做基金轉換，或轉投其他類型的基金產品。

三、投資要早、收入才會多

　　任何事情，如果你找好了目標，做好了準備，就要趕快行動，時間有很大的魔力。相對於投資來說，越早準備收入才會多。

　　像是沙沙，現在存了 50,000 元，開始用於投資年收益 2% 左右的貨幣市場基金，兩年後開始投資平均收益 8% 的股票型基金，十年以後，她的這筆錢變為了 98,180 元。可是，若她一直都把這筆錢存在銀行，那麼十年以後只有 52,500 元左右。可見

資金可用於複利投資，越早開始投資就越划算。

四、做好自己的職業規劃

和理財之路一樣，沙沙的職場之路還剛剛起步，對自己做好職業規劃，保證今後在職場中的競爭能力，才能保證不斷有更多的現金流入，才能更好地進行投資理財。因此，做好職業規劃對年輕人來說，是重中之重。找到最適合自己的事業方向，才能生活得更精彩。

另外，像是沙沙這樣收入不是很高的年輕人，又沒有多少家庭負擔，在訂定保險計畫時，首先應該重視的是自身的意外和意外醫療類保障，如果已經擁有良好的醫療福利，可考慮購買意外險。

專家建議：九大省錢祕訣

一、每月從薪水中留出部分款項，不管數目多少，反正一定要有存錢的計畫。

二、清楚自己每天、每週、每月錢的流向，詳細記錄預算和支出。

三、檢查、核對所有收據，看看商家有沒有多收費。

四、信用卡只保留一張，每月絕對要還清欠債。

五、自己帶午飯上班，一月下來能省下不少錢。

六、搭公車上班，節省汽油費、停車費以及找車位的時間。

七、多讀一些有關投資理財的書籍。

八、降低生活標準。房了不用太大，買特價商品，開二手汽車等等。

九、千萬記得殺價。你不開口殺價，店主是不會主動降價賣給你的。

不要盲目追求高報酬

有投資便會有風險，這是一條「鐵的規律」。風險有高有低，但不一定高風險的投資項目就一定能得到高收益率，這一點，投資者一定要明白，不要盲目投資，增加自己的風險。

從專業角度來說，理財不但需要具備廣泛、系統、專業的

金融知識，而且需要通曉各種金融商品和投資工具，具備隨時掌握國際、國內金融形勢的條件和眼光。任何投資都會有風險，正視並預知風險，做出科學分析，對金融產品了解透澈，對投資行動量力而為，是每個投資者都應該做到的。

對普通人來說，想要實現低風險、高報酬的理財目標，要積極以讀書看報或網路了解與理財相關的背景知識，諸如社會經濟環境、公司現況、銀行存款、股票、債券、保險等理財工具的特點、種類、功能，還要掌握風險決策的定量與定性分析方法、理財運作技巧等。只有知識才能保證理財決策的正確度。

一、熟悉金融法規政策，增強自我保護意識

雖然說現在家庭對於理財越來越重視，但是真正的做到理性投資，為自己的家庭增加財富還是不大容易。想要做理智的投資人，首先是要熟悉金融法規政策，增強自我保護意識。然後在投資前，將近期必須償還的負債還清，如信用卡透支款項等。其次是用作投資的錢一般要確定不是生活必需的，最好是幾年的閒散資金。

二、依據自身的承受能力選擇投資產品

你應該做的就是依據自己能夠接受的程度、時間範圍以及目標的性質，決定承擔風險的程度。如果距離你要用這筆錢的

時間已經不多了，那就不要把它放到高風險的市場中。如果你用這筆錢投資股票，當你需要它時，它可能已經不在那裡了。如果你是為了某個遠大的目標存錢，你能承受的風險就稍微大些。事實上，你幾乎沒辦法不「承擔風險」，因為就長期來看，就是定期存單或債券之類的「安全」投資，最後都抵擋不住通貨膨脹風險的侵蝕。

這裡講的是投資所面臨的風險，而不是人們情緒上的風險。大部分的人都會避免承擔風險，或者根本不去想它。要不然，在「911」事件後，一個想像力豐富的人怎麼還敢坐飛機呢？不過，一旦我們決心要對抗地心引力，我們就會挑一家飛行紀錄良好的航空公司，帶本書或工作記事本上飛機，以分散我們的注意力，然後一路上都強忍著心中小小的不安全感。

投資並不是那麼困難：按照你的目標，挑選一兩支條件相符的基金、股票或者債券。檢視這些投資工具過去的歷史，看看它們的效果是否和同類型的其他基金一樣好，並且在心態上準備好接受某種程度的價格波動。如果你對基金的「經理人」或「經營團隊」，或者對公司的資深管理階層有信心，這將更有助於你做出投資選擇。

三、選擇理財專家，獲得最大幫助

如果你有一定的經濟實力，但是自己沒有時間或知識不足

的家庭，選擇專家理財是個比較明智的選擇。專家理財最大的好處是在風險預估和控制上比普通百姓更有經驗，像是選擇投資基金等。其他的諸如貨幣理財產品更是銀行憑藉其廣泛的金融管道和專業知識，代理百姓投資，進而取得穩定且高於存款的收益。

四、切忌盲目跟風，增加不必要的風險

需要注意的是，在投資時不可盲目跟風，對已選定的投資產品組合要有正向心理預期。不要受短期市場波動而做出大幅度調整。要有評估風險能力，只有關注影響理財的各種變化因素並加以評估，才能保證在風險損失出現前就加以防範，即使真的出現風險也能有效應對。

當你盡力做出選擇後，剩下來就是讓駕駛員去操控飛機飛行了。記住，千萬不要在飛機急速下降時跳傘！不然到時候你剩下來的可能會比你原來投入的要少得多。

附：什麼是收益率？

收益率是指投資報酬率，一般以年度百分比表達，根據當時市場價格、面值、息票利率以及距離到期日時間計算。

在市場經濟中有四個決定收益率的因素：

· 資本商品的生產率，即對煤礦、公共建設、公路、橋

梁、工廠、機器和存貨的預期收益率。

· 資本商品生產率的不確定程度。

· 人們的時間偏好，即人們對即期消費與未來消費的偏好。

· 風險厭惡，即人們為減少風險暴露而願意放棄的部分。

專家建議：收益越高，風險越大，摔得越痛

理財行中有一條不成文的規律，即：高投資理財專案，會帶來高投資收益率，但伴隨而來的是高風險。如果你沒有足夠的準備，如果你沒有一定的實力，高風險項目最好還是別接觸，一旦失控，你就會摔得越痛。

有了寶寶，家庭理財怎麼調整

現在的年輕人普遍晚婚晚育，充分享受二人世界跟自己獨立的空間。但是，當一個新的生命來到你的生活中，作為一家之主，你就會感到負擔變重。大多數初為父母之人，也許會感到困惑，不知怎樣才能應付目前的情況。

據有關測試的資料顯示，養一個孩子，從懷孕到大學畢業要 463 萬新臺幣。這僅僅是把一個智力正常的孩子養到可自食其力的年齡，不包括送出國去深造，也不包括學習鋼琴、繪

畫、舞蹈、球類⋯⋯

　　由此看來，當你擁有心愛的孩子，在感到上天帶給你的禮物如此珍貴並令人喜悅時，你也必須承擔相當的責任。

　　阿偉和星星結婚兩年來一直過著自由、浪漫的二人世界，從沒考慮過要孩子，更沒有在家庭經濟上為孩子刻意做過打算，而是把重點放在如何提高生活品質、充分享受二人世界上。直到前些天星星身體不適後去醫院 做了檢查，發現有了孩子。一家人狂喜之餘，也意識到要在經濟生活上重新進行策略部署了。

阿偉一家目前的家庭經濟情況

收入	阿偉月薪水 50,000 元，星星 25,000 元，但考慮到身體，全家人都建議她現在就辦產假，在家裡休養一年，公司產假期間的補貼月薪是 10,000 元
支出	每月消費兩人加起來在 20,000 ～ 22,500 元
存款	新臺幣存款 20 萬元
車貸	買了一臺新臺幣 85 萬元的車子，頭期款 15 萬，貸款 70 萬，月交 5,900 元，十年還清，已經還了一年
理財	購買了 50 萬元的理財基金，準備取出來買房
保險	除勞健保，沒有其他保險

有了孩子一切都不一樣，甜蜜、隨意的二人世界被悄悄打破，不能像以前一樣自我的生活，不能想買什麼就買什麼，家庭的重心已經發生了改變，因此，需要訂定一個詳細的理財計畫。我們來看看理財專家給了什麼建議。：

教育經費	200 萬元，確保孩子能夠完成大學學業
保險保障	萬一有不幸事故發生，例如疾病或意外，家人仍然能夠維持目前的生活水準，不需為日後生活擔憂
退休養老	400 萬元，根據自己的退休年齡及理想的退休生活預計所需退休養老費用

從以上的表格中可以看出，除了還房貸外，阿偉一家基本沒有大的支出。但是從現在開始到孩子出生後、妻子恢復正常工作前，屬於轉型過渡期。由於家庭收入減少，妻子懷孕又會增加一些額外的開支，建議這個時期採用保守的理財方式，在資產保值的基礎上，採用風險極低的像是基金、債券等理財產品適當增值，同時注意資產的流動性，以備不時之需，還應該重視的是節約支出和保險保障。

一、穩健投資

把目前 20 萬元存款中的 15 萬元用於投資開放式基金，50％投資於貨幣型基金，50％用於投資債券型基金，風險很低，基本可以保證本金的安全，同時流動性高，提前一到兩天

通知即可贖回，收益比銀行存款高，貨幣型基金年收益一般在
2.5%左右，好的債權型基金年收益可達到 7%～9%。

二、提前還貸

　　銀行的基金產品到期後，建議 10 萬元不要用來購買房地產
增加不必要的支出，而將大部分資金用於提前還貸，一方面減
輕還貸壓力，另一方面也減少了總體的利息支出，可以採用部
分提前還貸，還貸期限不變，減少每期還貸額度的方法。

三、購買保險

　　由於阿偉目前是家庭的主要經濟來源，所以更應該給自己
買一些保險，建議給自己和妻子買消費型的定期壽險、健康險
和意外險，其中要注意保險額度，自己的身故賠償金應該至少
大於剩下的車貸金額。

專家建議：購買寶寶衣物要注意尺寸

很多媽媽在單獨購物時，很難買到稱心如意的寶寶裝，擔心尺寸太大或太小。在這裡，建議媽媽在出門購物時，記好寶寶的身高尺寸，方便購物。要特別注意：通常寶寶會長得很快，買衣服時要買一大號，一來大衣服穿起來比較寬鬆，適合寶寶身體成長需要，二來等寶寶再長大一點衣服還可以穿，避免浪費。

中等收入家庭理財規劃有捨才有得

假如從天而降五萬元，低收入家庭最先想到是用它來改善生活品質，然後進行小額投資，高收入家庭則不會因此而有太多的欣喜，或者揮霍，或者投資，或者儲蓄，如果把著一萬元放在中等收入家庭面前，他們最先想到的是儲蓄，然後是消費，最後才是投資。

中等收入家庭大多生活較為穩定，不必要為了明天的早餐而辛苦奔波，所以他們最先想到的是儲蓄，雖然沒有一定的目的性，但可以斷定是在為將來打算，累積財富；在消費上，他們更注重實際，很少有為自己的愛好和興趣花錢的機會；對於投資，他們大多依照自己的幻想，缺乏市場認知和必要的調

查，這五萬元也把他們的生活改變了不少。

　　細想一下，中等收入家庭的做法也不足為奇。一般中等收入的人士很多都已經步入中年，家裡大多是「上有老，下有小」，一方面，父母年事已高，疾病增多，需要子女提供有力的贍養協助；另一方面，孩子年齡尚小，無法自立，花費頗多，需要家長資金扶持。諸般因素聚在一起，使得這些家庭疲於奔命，由於家庭財力有限，又容易挖東牆補西牆，徹底打亂計畫，但更為難的是，這些中年人士僅僅關注眼前的困境，卻往往忽視自身的變化，吝於用度花費，如不注重自身保養，沒有精力、資金學習等等，於是健康變化和社會變化很可能成為新的困境，一起到來，成為失業的起因。

　　對中等收入家庭來講，口袋中的錢有一個最好的去處，就是投資基金、信託、國債更加安全和保險。如果你們沒有足夠多的錢來買進上百支股票和債券，或乏於能力建立一個多樣化的資金組合，那麼，你應該以投資基金、信託、國債來代替。無論如何，投資基金會使你的財務管理變得簡單起來。貨幣市場基金是資金的避風港，關鍵在於其較高的安全性和流動性，以及超過定期存款利息的收益，而且收益是免稅的。在投資產品上，貨幣市場基金主要以銀行存款、短期國債、國債回購等為主，這些投資產品的風險都非常低，也就保證了貨幣市場基金的安全性。

因此，理財專家給中等收入家庭的理財建議可以總結為以下幾點：

一、拓寬投資管道

　　目前投資結構單一、保守，但基於家庭成員的結構和工作性質也不宜過於激進，可調整為穩健型投資結構，主要藉由充實較低風險的投資途徑來實現增加收益的目標。根據其投資偏好，建議保持現有銀行存款和國債投資，將日後的資金累積用於購買銀行理財產品、收益性較好的投資基金等產品。其家庭成員對購買更多保險的實際需求並不明顯，可在小孩出生之後為其購買成長投資型保險產品；按照家庭收支水準及其實際需要，保險支出可控制在每年 30,000 ～ 45,000 元的幅度。

二、縮短貸款期限

　　隨著家庭成員的增加，家庭生活支出將上升；以當前的經濟基礎、收入水準、資金累積能力，將車貸提前還清並不能減少經濟負擔，而保持現在每月並不太高的供款額度更有利於減輕支付壓力。

三、提高生活品質

　　由於其經濟基礎較為薄弱，還需要依靠長期累積和投資收

益；且家庭成員老少皆有。因此建議保持相對平靜的心態，不宜到處比較和過於浮躁，在穩定現有經濟情況的前提下逐漸提高生活品質，如增加旅遊及娛樂消費、甚至買房，進一步改善居住環境等。

附：愛節儉的德國人

德國是世界上的發達國家之一，人均 GDP 居世界前幾名，但德國人的日子過得到相當精細節儉，罕見一擲千金的「豪氣」。他們的節儉主要表現在：

節省能源：非常注重節約水、電，用完洗衣機便關緊水龍頭，一來可以避免漏水，二來可以避免機器鏽蝕受損。

不浪費食物：在吃的方面，德國人視浪費食物為「暴殄天物」。

不以衣冠量人：在德國的一些城市街頭，經常可以看到一些穿著樸素，開舊車的五六十歲的人，這些人看似普通，實際上其中不乏百萬富翁。

很少購買奢侈品：雖然德國可以稱得上是購物天堂，商品固然豐富，但逢友人生日婚慶，多以賀卡和小禮品相送。

請客吃飯追求實惠：在德國，朋友間請客吃飯非常隨和和實際，不講究排場。

專家建議：理財投資最忌諱畏首畏尾

中等收入的家庭不像低收入家庭，處處以解決生活溫飽為前提，理財是次要目標，也不像高收入家庭大手一揮，隨意一個購買就是上百上千萬的資產。在理財方面來說，中等收入家庭的理財最忌諱畏首畏尾，而應該細心審查，大膽投入，因為只有捨才有得。

第三章

最可靠的理財工具 —— 儲蓄

　　不可否認，在各種理財產品層出不窮的今天，儲蓄依然是老百姓推崇的一種理財方式。它沒有風險，不用擔心本金會丟失，而且還能產生微薄的利潤。不過，儲蓄並不是把錢交給銀行保管這麼簡單，如果你能掌握儲蓄的各種技巧，那麼就能讓你的保值、增值達到預期的效果。

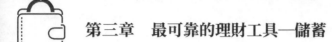

嚴格堅持儲蓄計畫

如果你正值二三十歲，正處於揮汗打拚階段，心中企盼著有錢又有閒的好日子趕快到來，可以無拘束地消費，自在地旅行，購買自己夢寐以求的奢侈品，而不用為捉襟見肘的財務狀況擔心。其實，實現財務自由並不複雜，只要你嚴格堅持儲蓄計畫，像理財專家一樣計畫，就可以輕鬆自如地掌握你的財務狀況。

一、訂制家庭儲蓄計畫

家庭儲蓄是一個家庭生活保障的基礎。定制家庭儲蓄計畫的目標前，要考慮家庭的全部收入狀況和支出狀況，根據家庭經濟收入的實際情況，建立切實可行的儲蓄計畫並擬定存錢措施。

二、留出每月餘錢，減少支出

根據每個月的收入情況，留出當月必需的費用開支，將餘下的錢按用途區分，選擇適當的儲蓄產品存入銀行。這樣可減少許多隨意的支出，使家庭經濟按計畫運轉。另外，盡量減少不必要的開支，杜絕隨意和有害消費，用節約下來的錢進行儲蓄，以少積多。

三、累積意外收入

在日常生活中，常常有加薪、獲獎、稿酬、饋贈等意外收入時，這時你得及時存入銀行，不要隨意揮霍，累積下來也是一筆可觀的積蓄。

四、做好三大儲蓄計畫

買房、購車、供養小孩、養老……諸如此類的鉅額開支在人生中出現。當你面臨這些鉅額開支時，如何去解決資金問題呢？對於絕大多數的上班族來說，儲蓄絕對是首選。儘管現在的投資新品層出不窮，但傳統的儲蓄方法仍然不可拋棄。如果能夠有好的儲蓄規劃和持之以恆的毅力，那即便是普通的上班族也能存下一大筆的備用金。

購房儲蓄規劃

對於每月收入較少的年輕人來說，買房似乎是一個遙不可及的夢，尤其是生活在大城市中，房價動輒幾千萬甚至上億，要買房像是天上的星星一樣遙不可及。

但是，細算一筆帳的話就會發現，如果把首次買房的目標定在中等價位的中古屋上，再加上目前大多數的銀行都能提供的房貸，藉由儲蓄來籌措買房頭期款的目標是完全可以達到的。

購車儲蓄規劃

如同貸款貸款購房一樣，買車也可以貸款。只要能籌集到汽車的頭期款，就能實現自己的駕車夢了。而且由於汽車總價比房屋總價低得多，所以想要買車的人如果規劃好購車的儲蓄計畫，存夠頭期款，兩年或兩三年的時間就可以買車了。雖然將車鑰匙拿到手不是一件很難的事，重要的是要長遠考慮養車的費用，它的消費遠遠超過你的預期目標。？

養老儲蓄規劃

養老是人生中最後的理財目標，為了讓自己退休後過上比較穩定的生活，應該及早儲備養老資金。特別是對於目前四五十歲、收入不高但穩定的人，更應該及早準備養老資金。

專家建議：讓你心動的超簡易投資法則

沒錢人說：負債是魔鬼，要拚命存錢還貸款。

有錢人說：負債也是一種資產，有錢也不付全款。

沒錢人說：只有努力工作才能賺錢！

有錢人說：怎樣讓錢為我工作？

世界上有兩種人：一種是讓錢靈活滾動起來的人，另一種是被前一種人在無形中把錢滾走的人。富人，就是讓錢動起來的人。

與其感嘆貧窮，不如努力致富。年紀輕輕的「房奴」、「車奴」要當心：光還債是成不了富豪的！要甩掉「負翁」的包袱，必須找到能下「金蛋」的投資理財策略，同時謹記：用自己的錢投資時，抓住機會；用借來的債投資時，管理好風險！

儲蓄也會有風險

儲蓄，也會有風險嗎？難道銀行會倒閉？存在銀行裡的錢會取不出來？

當然不是。

在很多人的心目中，儲蓄一直是最穩健的理財方式，也談不上風險的概念。然而，與其他的投資方式一樣，儲蓄同樣存

在風險，只是這裡的風險有一點不同。

　　一般的投資，所冒的風險是指不能獲得預期的投資報酬或者投資的資本發生損失的可能性。而這裡所說的儲蓄風險，是指不能獲得預期的儲蓄利息收入，或是由於通貨膨脹而引起的儲蓄本金貶值的可能性。這種可能發生的損失分為利息損失和本金損失兩類。

　　先來看看這個例子。

　　學網頁製造的小關下班後，經常利用業餘時間從外面接一些網頁製作的案子。由於「第二職業」的收入豐厚，他自己的薪水倒是沒有怎麼動用。小關心裡也十分高興，就把這筆錢存起來，過不了多久，就可以買心儀的筆記型電腦了。可是，小關怎麼都沒注意到，薪水卡的儲蓄方式是活期儲蓄。

　　僅靠活期儲蓄那一點點利息，是阻擋不了物價上漲的腳步，因此，無形中，小關錯過了將存款升值的機會，承擔了一定的風險。

　　也許，你會覺得這並沒有什麼，只要風險不高，活期就活期。但是，當你聽完專家的意見後，你就不會這麼想了。

一、通貨膨脹引發儲蓄風險

　　一般說來，如不考慮通貨膨脹因素，儲蓄存款的本金是不會發生損失的。但是，因通脹而發生本金損失的風險仍然存在。

如果你在到期領錢時，所在地區的物價上漲率高於同期的存款利息率，那麼在無保值貼補的情況下，你存款的本金會因存款的實際利率為負數而發生損失。

假設你存款 1,000 元；當時物價可買黃豆 1,000 公斤。存款三年，三年期年利率為 5.22% 到期後可連本帶息獲利 1,148.77 元，但三年後物價上漲幅度為 18%，高於你的存款利率，則你的 1,148.77 元實際購買力只有 973.5 公斤黃豆。對於這個常常會被一般人忽視的損失，也許對小存戶還不算什麼，可本金多了可真是讓人心疼。

二、提前領錢將損失利息，擴大風險

如果你提前支取存款，那麼就會損失利息。根據目前的儲蓄條例規定，存款若提前支取，利息大打折扣。這樣，存款人若提前支取未到期的定期存款，就會損失一筆利息收入。存款額愈大，離到期日近，提前支取存款所導致的利息損失亦愈大。

因此，儲戶在選擇儲蓄種類時，應根據自身情況做出正確的選擇。如選擇不當，會增加風險，引起不必要的損失。例如小關為圖方便，將大量資金存入活期存款帳戶或信用卡帳戶，尤其是目前許多企業都委託銀行代發薪水，銀行接受委託後會定期將薪水從委託企業的存款帳戶轉入該企業員工的信用卡帳戶，持卡人隨用隨取，既可以提現金，又可以持卡購物，非常

方便。但活期存款和信用卡帳戶的存款都是按活期存款利率計息，利率很低。而很多儲戶把錢存在活期存摺或信用卡裡，一存就是幾個月、半年，甚至更長時間，利息應該損失不少。

為了降低儲蓄風險，聰明的你需要有正確的存款方式組合以獲得最大的利息收入，去減少通脹的影響。在通貨膨脹率特別高的時期，應積極進行投資，將部分資金投資於收益相對較高的產品，這樣你的收入才會節節高升。

專家建議：投資 VS 舉重

如果你練過舉重，你就會知道，不要試圖去舉可能舉起的最大重量，而要舉自己能夠控制而且還能夠保持平衡的重量。舉得過重可能會引起嚴重損傷。

投資風險也是如此。不要把風險承受能力推到極限，而是要採取平衡的計畫 —— 既可以加強財務管理，又能讓你睡個安穩覺。

學會存錢的「小訣竅」

沒有一個人會否認，瀟灑地花錢是一件很過癮的事情，也沒有一個人會否認，靠節省每一元來存錢，是一件很辛苦的事情。那麼，一起來看看理財專家給出什麼建議。

一、開個沒有卡的帳戶

每次去商場購物時，為了不讓自己有心疼的感覺，總會假裝「豪爽」地刷卡，感覺那不是在花自己的錢。其實，這只是自我安慰罷了。現在，請打開你的錢包，看看有哪家銀行的信用卡你還沒有申請。不要誤會，不是讓你去申請這家銀行的卡，而是去這家銀行開立一個存款帳戶。記住只是「開立帳戶」，不要申請該行的任何一種信用卡。有卡的話，你總想消費。

二、定期儲蓄

堅持定期從你的薪水帳戶上取出一百元、兩百元或更多，存入你新開立的帳戶中。給自己一段時間去適應這種手中可支配現金比以往減少了的生活，看看你有什麼改變。兩三個月以後，增加每次存入存款帳戶中的金額。

三、積極儲蓄收入的 10%

這是個不錯的建議。培養一個良好的儲蓄習慣和堅持存錢要遠遠好過你偶爾一次存入一大筆錢。

四、內外通吃

新臺幣儲蓄如果不能令你滿意，你大可選擇外幣儲蓄。現在的外匯保值意識已逐漸加強，利用外幣儲蓄及外匯買賣等方

式進行外匯投資的家庭迅速增加，你趕一趟潮流也不算晚。

五、小錢也要存起來

每天從錢包裡拿出五元或十元，放進一個信封。每月把信封裡存的錢存入你的存款帳戶中，記住積沙成塔的道理。假定你每天存 10 元，每月就是 300 元，一年就是 3,650 元。

六、限縮消費額度

核查信用卡的對帳單，看看你每月用信用卡支付了多少錢。如果有可能，減少你每月從信用卡中支取的金額，手頭緊一些。每到月末，將省下錢存入存款帳戶中。

勾勒出你的目標。你是想換一間大一點的房子？買一輛車？為了你的孩子？還是打算讀書深造？或去投資？總之，把目標統統寫下來，然後貼在冰箱上、廚房門上、餐桌上等任何你會經常看到的地方，提醒自己時常想起你的目標。存錢不是最終目的，但存錢是為了實現你的目標。要知道，你現在花的錢與你以後要花的錢有著本質的區別，後者常被稱作是儲蓄。這些寫在紙上的目標會增加你存錢的動力。

七、「短」比「長」好

長期儲蓄與短期儲蓄利息相差不大。如果把 10,000 元五年

期和一年期的利息作比較，每年只差 179.55 元，因此，存長期還不如存短期，需要用錢時也方便。

八、提早還清你欠銀行的錢

用來減少利息的付出。銀行的錢借出去很容易，還起來卻很嚇人。光是那利息，就足夠讓你負擔沉重，更別說本金了。所以，如果沒有穩定的收入來源，最好早點把銀行的錢還清。

附：國際匯款省錢妙招

電匯，是目前普遍採用的一種方式。使用時，最好能提供收款人開戶行的代碼，或者提供該行在貨幣清算地（如美元清算地在紐約，英鎊在倫敦，港幣在香港等）的代理行，可以降低費用。

票匯，是指在銀行打一張匯票，函寄或隨身攜帶出境。它的優點是國內費用低，但如果匯票的付款行較遠的話，需請自己的開戶行辦理托收，還要負擔手續費以及寄票的費用。

旅行支票，比較適合短期的出國考察、商務、旅遊之用。

銀行信用卡，缺點是年費和取現手續費較高。一旦資金空缺，隨時隨地補充資金也很方便。

專家建議： 注重培養自己的存錢習慣

存錢是一種意識，是一種習慣，是讓你逐漸變得富有的好習慣。如果你平時有大手大腳花錢的習慣，那就該反省反省，想辦法改掉自己的壞毛病。要知道，任何理財都是從學會存錢開始的。

低利率時期，你該如何儲蓄

如果你所處的時代是低利率時期，在進行家庭投資理財時應該謹慎而行，要運用智慧盡可能改善自己的生活。

一、選擇合理的儲蓄期限

一般來說，低利率只是一段時期經濟發展的特點，並不是長期發展趨勢。因此，在儲蓄時應選擇三年期以下的存期，這樣可方便地把儲蓄轉為收益更高的投資，同時也便於其消費時利息不受損失。

二、首選投資債券

相對於儲蓄而言，債券，尤其是國債具有諸多優點：一是收益高，二是變現能力強，三是安全性高，國債是以國家信

用作保證的。如果你購買的國債和上市，那麼債券的變現能力會更強，所以對上班族來說，投資債券能夠增加收益，風險較小，應該確立為首選目標。

三、定期存款別亂取

據統計，目前的居民儲蓄中有三成以上是高利率時期存入的，因此不要把這種定期存款輕易取出。如果急用，可憑存單向開戶銀行申請質押貸款來變現。

四、最好採用自動續存法

根據銀行計息規定，自動續存的存款以轉帳日利息為計息依據。當遇降息時，如此前是自動續存的整存整取，並正好在降息前不久到期，你千萬不要去支取，銀行會主動在到期日按續存約定轉帳，並且利率還是原來的利率。

五、增加存款，提高計息積數

儲戶不妨逐月增加存款金額，提高計息積數；可以有效地防止銀行降息；獲取以前銀行較高的存款利率。

六、嘗試著買股票

高風險意味著高收益。有人說：「生在這個時代沒有涉足股市是人生一種缺憾。」這是有一定道理的。為此，拿出家庭資產

的 5%或 10%入市瀟灑一下，說不定能得到意外的收穫。

七、入股實業當一回股東

如果自己有親朋好友開辦了或準備開辦小工廠、小公司，你可投一定的資金入股，這樣你也許會從中得到高於儲蓄、債券的收益。入股投資實業關鍵要考察專案的可行性，管理人員的能力，投入收益情況等，看清楚了才能入股以減少風險，同時一定要簽訂正式合約，並到有關部門公證。

八、該消費就消費

在低利率的情況下，一般物價也較低，同時投資收益受儲蓄利率的影響也不會很高。因此，此時消費是有利的。如果自身沒有過多的資金用於消費，怕一下子花光了會有子女教育、養老等後顧之憂，那不妨先去購買養老保險，再借助消費信貸實現提前消費。

專家建議：鼓勵在低利率時代進行投資

當你發現將 50,000 元存在銀行一年後利息沒有多少成長時，不要再守株待兔了，不妨大膽的取出來進行投資，說不定你還能茫茫商海淘到自己的第一桶金。

信用卡省錢技巧大比拚

　　信用卡是銀行向個人和單位發行的，憑以向特約單位購物、消費和向銀行存取現金，具有消費信用的特製載體卡片，其形式是一張正面印有發卡銀行名稱、有效期、號碼、持卡人姓名等內容，背面有磁條、簽名條的卡片。

　　信用卡最大的好處就是：當你的購物需求超出支付能力，你可以向銀行借錢，信用卡就是銀行根據你的誠信狀況答應借錢給你的憑證，你的信用卡會有額度限制以及規定，你可以借銀行多少錢、什麼時候還。信用卡也將記錄你的個人資料和消費明細，以便為你提供全方位理財服務。

　　不過，信用卡的誕生為人們帶來便利的同時，還款、利息之類的事情又常常讓使用者感到非常頭痛。下面給你介紹一些有關如何使用信用卡進行透支的訣竅，以便讓你和家庭裡的其他成員，用好信用卡。

一、有借有還，再借不難

　　當你急需一筆錢時，信用卡可以幫上你的忙，能預借一定金額的款項，但是請你記得還。如果你不能按照規定全部還清，可先根據你所借的數額，繳付最低還款額，這樣你就可以重新使用信用額度。不過，透支部分要繳納利息，以每月10%

計息，看起來是一個很小的數字，但累積起來也可能要比貸款的成本還要高，所以請合理使用信用卡。

二、設法申請較高的信用額度

信用卡的透支功能相當於信用消費貸款。信用額度會由銀行依照你的財力及信用程度評估。如果你想申請更高的信用額度，就需要提供有關的財力證明，如：房地產證明、股票持有證明以及銀行存款證明等，這可以提高你的信用額度。需要注意的是，銀行比較偏愛工作穩定、學歷較高的客戶，信用額度也相對較高。

三、簽帳金融卡、信用卡同時使用好處多

有經濟頭腦的人會發現這樣一個祕密：先用信用卡在國內和國外消費，而把自己的錢存在銀行裡繼續生息，只要在順利繳清欠款，自己的存款則可以賺取銀行的利息。另外，很多銀行發行的信用卡都有紅利回饋活動，持有信用卡的人在活動期間消費，當積分累計到一定量之後，就能獲得各種獎勵哦！

不過，信用卡雖然有很多方便，不過如果你不注意，也會存在不少風險。一起來看看！

第一，遺失卡不掛失損失大

　　一般來說，使用信用卡結算消費款不用輸入密碼而僅憑簽字就可支付消費款項。不過這也會引起麻煩，若是信用卡丟失了，持卡人又不及時掛失，一旦被居心叵測之人拾得，他模仿簽名條上的筆跡進行消費簽單，持卡人就會丟錢。至於被冒用的金額大小，要根據信用卡的信用額度來看，無論如何，失主的錢都會大大損失。因此，遺失卡後要立即辦理掛失，掛失後發生的被冒用風險將由銀行承擔。

第二，別把信用卡當簽帳金融卡用

　　請一定記住，信用卡中的存款是沒有利息的，如果你在信用卡中存入鉅額款項，損失的不僅僅是利息，還要支付昂貴的提取現金手續費。信用卡的使用規則規定：無論是在境內還是境外，無論是溢繳款（即存入款項扣減透支額後的餘額）提現還是信用額度內的透支取現，都要收取手續費，手續費的收取標準各銀行不等。所以，除了歸還透支款，你千萬別把多餘的錢往信用卡裡存。

第三，記得及時繳年費

　　你在領取信用卡的同時，應到銀行櫃檯預交本年度的年費。以後，每年的同一個月繳存年費，像是你是一月分申辦的

信用卡，就應在以後每年度的一月分繳存該年的年費。如果沒有及時繳存年費，銀行就從卡中自動扣收年費，變成透支行為。如果你長時間不繳存年費，導致透支時間超過了規定的期限，那損失的不僅是正常的透支利息和逾期還款罰息，還有你寶貴的銀行信用。

附：信用卡的來歷

信用卡於 1915 年起源於美國。

有一天，美國商人法蘭克‧麥克納馬拉（Frank X. McNamara）在紐約一家飯店招待客人用餐，用餐後發現他的錢包忘記帶在身邊，因而深感難堪，不得不打電話叫妻子帶現金來飯店結帳。於是麥克納馬拉產生了設立信用卡公司的想法。1950 年春，麥克納馬拉與他的好友施奈德合作投資一萬美元，在紐約創立了「大來俱樂部」（DinersClub），即大來信用卡公司的前身。大來俱樂部為會員們提供一種能夠證明身分和支付能力的卡片，會員憑卡片可以記帳消費。這種無須銀行辦理的信用卡的性質仍屬於商業信用卡。

1952 年，美國加州的富蘭克林銀行作為金融機構首先發行了銀行信用卡。

> **專家建議：守住你的信用額度**
>
> 世界上最可怕的事情就是缺乏信任。缺乏信任將讓你毛骨悚然，坐立不安，寸步難行。信用卡就是銀行經過對你的調查，允許你在許可的範圍內借錢，但有規定的期限。如果你超過期限還款，那麼你就在支付你的個人信用度，以後你再去借錢，就沒有銀行會借給你。因此，守住你的信用額度就是在守住你的財富。

如何儲蓄最賺錢

　　一位猶太大富豪走進一家銀行。「請問，您有什麼事情需要我們效勞嗎？」貸款部營業員一邊小心地詢問，一邊打量著來人的穿著：名貴的貂皮大衣、高級的靴子、昂貴的手錶，還有鑲寶石的項鍊……

　　「我想借點錢。」

　　「完全可以，你想借多少呢？」

　　「一美元。」

　　「只借一美元？」貸款部的營業員驚愕得張大了嘴巴，但心中立刻高速運轉起來：這位富太太穿戴如此昂貴，為什麼只借一美元？她是在試探我們的工作品質和服務效率嗎？便裝出高

興的樣子說：「當然，只要有擔保，無論借多少，我們都可以照辦。」

「好吧。」猶太人從鼓鼓的皮包裡取出一大堆股票、債券等放在櫃檯上：「這些做擔保可以嗎？」營業員清點了一下，「太太，總共 50 萬美元，做擔保足夠了。不過，您真的只借一美元嗎？」

「是的，我只需要一美元，有問題嗎？」

「好吧，請辦理手續，年息為 6％，只要您付 6％ 的利息，且在一年後歸還貸款，我們就把這些作保的股票和證券還給您……」

猶太富豪走後，一直在一邊旁觀的銀行經理怎麼也弄不明白，一個擁有 50 萬美元的人，怎麼會跑到銀行來借一美元呢？他追了上去：「太太，對不起，能問您一個問題嗎？」

「當然可以。」

「我是這家銀行的經理，我實在不明白，您擁有 50 萬美元的家當，為什麼只借一美元呢？」

「好吧！我不妨把實情告訴你。我來這裡辦一件事，隨身攜帶這些票券很不方便，便問過幾家金庫，要租他們的保險箱，但租金都很昂貴。所以我就到貴行將這些東西以擔保的形式寄存了，由你們替我保管，況且利息很便宜，存一年才不過 6 美分……」

聽完這番話後，經理如夢方醒，但他十分欽佩這位太太，她的做法實在太高明了。

一個成功的財富擁有者不在你手中擁有多少錢，而在於你怎麼合理利用手中的錢。如果你能像這位猶太富翁一樣熟悉理財方法，善於利用手中的錢去工作賺取更多的錢，就能使你的收益最大化。

下面給你介紹幾個使儲蓄收益最大化的方法：

急需用錢可辦理定存質借。儲戶在存入一年期以上的定期儲蓄存款以後，如需全額提前支取定期存款，而用款日期較短或支取日至原存單到期的時間已過半，便將未到期的定期存款全部取出，這樣會造成很大的利息損失。金額愈大，離存單到期日愈近，提前支取所引起的利息損失亦愈大。這時，儲戶可以用原存單做抵押，辦理小額貸款手續。這樣既解決了資金急需，又減少了利息損失。

不要輕易將已存入銀行一段時間（尤其是存期過半）的定期存款隨意取出。即使在物價上漲較快、銀行存款利率低於物價上漲率而出現負利率時，銀行存款還是按票面利率計算利息的。如果不存入銀行，又不買國債或進行別的投資，現金放在家裡，那麼連銀行支付的存款利息都沒有了。

遇到比定期存款收益更高的投資機會，如債券的發行等，儲戶可將繼續持有定期存款與取出存款改為其他投資兩者之

間的實際收益進行一番計算比較，從中選取總體收益較高的投資方式。

對於已到期的定期存款，應根據利率走勢、存款的利息收益率與其他投資方式收益率的比較，以及儲蓄存款與其他投資方式在安全、便利、靈活性等各方面情況進行綜合比較，綜合每個人的實際情況進行重新選擇。

一般來說，在利率水準較高或預期利率水準可能下調的情況下，那些沒有靈活投資時間的人來說，繼續轉帳定期儲蓄是比較理想的。

對於那些收入不高、對利率的變化及走勢不了解或資訊遲緩、對風險的承受能力很低的部分離退休老人來說，選擇較長期限的定期儲蓄存款是最理想和明智的。因為，三年或五年的定期儲蓄存款不僅安全性好，且存取方便，絕大部分儲蓄機構還為到期的定期存款提供自動轉期服務，儲戶不會因到期忘記提取或轉帳而影響利息收入。

附：什麼是利率？

利率又稱利息率。表示一定時期內利息量與本金的比率，通常用百分比表示，按年計算則稱為年利率。其計算公式是：
利息率 = 利息量 / 本金

利息率的高低，決定著一定數量的借貸資本在一定時期內

獲得利息的多少。影響利息率的因素，主要有資本的邊際生產力或資本的供求關係。此外還有承諾交付貨幣的時間長度以及所承擔風險的程度。利息率政策是貨幣政策的主要措施，政府為了干預經濟，可藉由變動利息率的辦法來間接調節通貨。在蕭條時期，降低利息率，擴大貨幣供應，刺激經濟發展。在膨脹時期，提高利息率，減少貨幣供應，抑制經濟的惡性發展。

專家建議：條條大路通羅馬

正如哲人所說的那樣「條條大路通羅馬」，理財儲蓄的道路也不止一條。很多不了解細節和奧祕的人以為儲蓄就是把錢交給銀行，利率上調利息就會增多，收益就增多。其實不然，儲蓄的方法就很多種，就看你有沒有找到最適合自己的方法，使儲蓄的收益最大化。

根據家庭情況擬定儲蓄投資計畫

莎士比亞說：「一千個觀眾，就有一千個哈姆雷特。」置身於理財行業，一千個家庭，就有一千種財務狀況，每個家庭都要用有限的資本進行巧妙的安排，針對不同需求，做出不同的儲蓄計畫。你的家庭情況是什麼樣呢？你有什麼樣的家庭儲蓄投資計畫呢？你希望你的家庭儲蓄投資達到什麼目標呢？

在這裡，理財專家給你一些有用的建議：

一、合理安排日常生活開支

日常支出包括房租、水電、瓦斯、保險、食品、交通費和任何與孩子有關的開銷等。根據家庭收入的額度，在實施儲蓄時，夫妻可以建立一個公共帳戶，每人每月從收入中拿出一個合理的金額存入這個帳戶中，共同負擔家庭日常生活開銷。

為了使這個公共基金良好地運行，要盡量節約，把這些錢當作是今後共同生活的保障。另外，對此項開支的儲蓄必不可少，應該充分保證其比例和品質，像是，可以按照家庭收入的35%或40%的比例來儲存這部分基金。

二、預備昂貴消費品開支

房子的購買、裝潢，家用電器的升級、換新，生活中的每一步驟無不涉及大型消費品的開支，這就需要一筆家庭建設資金。理財專家建議以家庭固定收入的20%作為家庭設備投資的資金。這筆資金的開銷可根據實際情況靈活安排，如果暫時不想提高生活品質的話，這筆儲蓄還可以另作他用。

三、安排家庭精神開支

家庭生活當然不能單調、枯燥沒有味道，像是一次家庭旅

遊、看書、聽音樂會、看球賽等，都可以讓全家開開心心，增加彼此的情感。在競爭如此激烈的今天，夫妻們很難時間和心情去享受生活，而這部分開支的考慮可以讓你享受生活，提高生活的品質。因此，精神開支的預算不能夠太少，可以規劃出家庭固定收入的 10%作為預算。其實這也是很好的智力投資，如果家庭情況允許，也可以擴大到 15%。

四、多了解和參與理財專案投資

家庭投資對一個家庭來說很重要。投資方式也有很多種，比較穩定的如儲蓄、債券，風險較大的如基金、股票等，另外收藏也可以作為投資的一種方式，郵票及藝術品等都在收藏的範疇之內。理財專家建議以家庭固定收入的 20%作為投資資金對普通家庭來說比較合適。當然，資金的投入要與夫妻雙方所掌握的金融知識、興趣愛好以及風險承受能力等要素相結合。在還沒有選定投資方式的時候，可以先交給銀行保管起來。

五、贍養老人、撫養小孩的重要計畫

贍養老人和撫養小孩式幾乎所有人都要面對的責任。因此，建立教育儲蓄計畫和養老保險計畫是家庭儲蓄的重要內容。至於儲蓄額度應占家庭固定收入的比例還可根據每個家庭的實際情況加以調整。

總之，家庭儲蓄投資項目一旦設立，要量化好分配比例後，就必須要嚴格遵守，切不可隨意變動或半途而廢，尤其不要超支、挪用、透支等。否則，就會打亂自己的理財計畫，甚至造成家庭的「經濟失控」。

專家建議：砍價的絕招

一、看中的衣服不要喜形於色，而要雞蛋裡挑骨頭，讓老闆覺得你不是特別喜歡，賣給你多少賺一點。

二、殺價要「心狠嘴辣」，記住，沒有一個老闆會真的賠錢賣給你，所以，把你的慈悲心收起來，喊出比自己心理價位稍微低點的價格，如果不同意，就一點點往上加。

三、貨比三家，價比三家。同樣風格的衣服在不同的店會有不同的價錢，把同樣的衣服比較完後你心裡就會有一個底價了。

信用卡 VS 簽帳金融卡

很多人在擁有簽帳金融卡的同時也擁有信用卡，那麼，究竟信用卡和簽帳金融卡有什麼共同點和不同的地方？該如何靈活運用它們呢？

信用卡是由商業銀行發售，准予持卡人使用預先批准的信

用額度進行消費。使用信用卡購物後，你需於期限內歸還所消費的款項；一但超過期限，你需一次性或分期連本帶利還款。稱為循環利率，意味著你需要支付循環信用利息。不同的信用卡的利率、年費和還款條件都不盡相同。

因此，一張有信用額度的信用卡擁有以下優點：

- ・ 可即時買到所需商品和服務
- ・ 不用攜帶現金
- ・ 比支票更方便和更容易被接受
- ・ 有詳細的交易紀錄
- ・ 可享有紅利回饋和其他優惠

不過，信貸本身就是有利有弊。清楚了解你的責任並明智地使用它，可充分利用它，並最大限度降低負面影響。信用卡擁有優點的同時也有以下缺點：

- ・ 如果你要承擔利息，購物成本會較高
- ・ 一般需繳納服務費
- ・ 如果你不謹慎控制每月開支，有可能陷入財務危機
- ・ 可能增加「衝動購物」的機會

看到這，使用簽帳金融卡人心中肯定會偷著樂，不帶現金一樣可以去商場購物，可以享受紅利，有詳細的交易紀律，沒有利息，不會陷入財務危機，因為花的是自己的錢，也不會增加「衝動購物」，因為花自己的錢誰都心疼。

因此，近年來簽帳金融卡逐漸成為最受歡迎的支付卡。數以億計的簽帳金融卡正在世界各地通行。由於簽帳金融卡具有易用性和普及性，簽帳金融卡也是電子貿易中最普遍使用的支付工具之一。全球超過兩千萬的銷售網站接受這種支付方式。簽帳金融卡不但能幫你省卻攜帶現金的麻煩，使用起來也很方便，付款快，而且月結單（或對帳單）可以清晰地顯示所有交易紀錄。

　　越來越多的信用卡持有人同時使用簽帳金融卡，以便更有效地管理日常開支。他們會使用簽帳金融卡用於日常消費和付帳單，例如食物、交付水電瓦斯等雜費、每月必繳的費用及其他小額支出等。

　　簽帳金融卡持有人只可消費銀行帳戶內的錢，這特別適用希望有效控制開支的人、年輕人、暫時沒有資格申請信用卡的人、或正處於調整財務狀況的人都應該把簽帳金融卡當作自己的理財工具。

　　因此，信用卡和簽帳金融卡最大的區別在於：當你使用簽帳金融卡時，金額會自動從你的銀行帳戶扣除，而不是算入你的信用額度內。信用卡是金融機構向你提供的無抵押貸款，以方便你的支付活動。使用信用卡意味著：即使你不按月清還欠款，你還可以加上利息分期還款。它是先借銀行的錢消費，將來等有了錢再還，但遲早都要還，且遲還不如早還；簽帳金融

卡是把自己錢放在銀行，等需要用的時候再從銀行取出來。

總而言之，信用卡和簽帳金融卡的區別詳細見下表，選擇何時用簽帳金融卡或是何時用信用卡不可輕率。但這兩種卡對你的理財計畫都很重要。如何權衡與抉擇，就在於聰明的你了！

附：信用卡與簽帳金融卡的區別

	信用卡	簽帳金融卡
申辦條件	免擔保人，免保證金，免開存款帳戶	必須開立存款戶
用錢方式	先消費，後還款	存款多少，消費多少
信用額度	有	無
預借現金	有	無
循環信用	有	無
消費方法	憑簽名，或簽名＋密碼	憑簽名，或簽名＋密碼

專家建議：信用卡使用的小訣竅

信用卡和身分證分開放，以防止丟失後被人冒用。

牢記信用卡的密碼，以備在 ATM 提款機使用。密碼可在 ATM 機上進行修改。

在非特約商戶（即非 POS）消費時間可經由銀行櫃檯辦理轉帳結算。

遠離儲蓄的迷思

　　你究竟有多富有？查一查你銀行帳戶上的阿拉伯數字就一清二楚。下一個理財計畫中，你將是儲蓄還是投資呢？當你放心地把錢交給銀行管理時，你又了解多少呢？其實，錢財最好的主人就是你自己，跳過儲蓄的迷思，你將增加更多的財富。

第一個迷思：存摺加了密碼就萬無一失

　　儲戶到銀行存款，通常都要有密碼，以防存摺丟失或失竊被人冒領。不少儲戶簡單地認為只要密碼不被人知道，存款就如同上了保險一樣萬無一失，而忽視了對存摺的保管。儲戶憑存摺和身分證、戶口名簿等有效證件也可辦理查詢密碼等特殊業務。儲戶如果一旦存摺與有效證件一同丟失，即使留有密

碼，也難免被冒領。

第二個迷思：信用卡存款都有利息

在多數人的印象中，銀行儲蓄的原則是存款有息，但信用卡卻不同，此卡的主要功能是用於信用消費，持卡人可享受循環透支消費，超長免息期、最低還款額等待遇，但在此卡上儲存現金是不計算利息的。

第三個迷思：儲蓄越多越好

家庭生活有一定的儲蓄是必要的，可以調節市場貨幣的流通。但儲蓄太多、過量就會導致消費市場的萎縮，造成消費品囤積，對擴大企業生產和累積造成不良影響。

第四個迷思：銀行連續下調利率，儲蓄存款已名存實亡

如果你要這麼想就錯了，銀行利率下調並不一定使存款的實際收益減少了。當利率下調但利率水準仍高於同期物價漲幅時，存款者的實際收益仍然存在，甚至可能增加。只有當物價漲幅等於或高於同期存款利率水準時，存款者的實際收益才不復存在，同時雖然利率下調，但儲蓄與保存現金相比仍然具有優勢，儲蓄可以獲得利息收入，而保存現金沒有任何收入。儲蓄可把零散資金集中，調節市場貨幣流通，保存現金則不行。

專家建議： 教你如何做家庭省錢高手

1. 支出要有目的：任何消費行為都應該有目的，沒有目的的消費就等於浪費。現實生活中不少家庭往往是該花的錢沒有花，不該花的錢卻花掉了。家庭消費應該提前計畫，什麼季節買什麼最划算，買什麼類型的既經濟又實惠。有計畫就能讓錢發揮最大的作用。

2. 不要購買閒置商品：閒置的商品不僅沒有實用價值，而且可能會有副作用。因此，不要因為一時衝動購買目前並不需要的商品。

3. 注重實用性：潮流的變化、商品的更新總讓人目不暇給。如果新產品一上市，你就管不住錢包，那麼你就會付出昂貴的代價。理性消費應該建立在適用、耐用和實用上。

第四章

投資理財，讓錢生錢

　　世界上有兩種人，一種是整天為錢工作，拼了命到最後才發現口袋裡的錢只有那麼一點，一種是全面掌控自己的錢，讓錢為自己工作，讓錢生錢。很顯然，第二種是最聰明的。如果你也想讓你的錢為你工作，就要掌握好投資理財的訣竅，用小錢搏大錢。

第四章　投資理財，讓錢生錢

家庭第一桶金的誕生法

你家有哪幾種投資方式呢？你比較適合哪種投資呢？下面，理財專家教你八種理財方式，告訴你家庭第一桶金怎麼誕生。

基金

基金是指集合眾多投資人的資金，委託專業投資機構（基金公司）管理操作，其投資之損益及風險由全體投資人共同分享及分擔的一種理財方式。投資基金的主要特點是：集體投資、專家經營、分散風險、共同收益。投資人將資金投入基金，以投資基金專業仲介機構為橋梁進入證券市場，分享機構投資在證券市場和其他投資領域中的收益，這就大大減少了投資人由於資金分散、專業知識欠缺、資訊不全面等問題帶來的投資風險。一個成熟的股票市場中，一般都存在著相當一部分頗具實力的投資基金。

一般來說，基金比較適合以下幾種人：投資有錢沒時間的人，有錢沒知識和技術的人，不願花精力研究投資的人，只有很少錢的人。

買股票

股票投資，無論是在投資的總規模上、參與的人數上、社會經濟功能及其影響上，都是其他投資方式不可比擬的。之所以有這麼多人，拿這麼多的錢來進行股票投資，主要是因為股票投資確實是一個能給投資人帶來可觀收益的工具。

不過，股市的最大特點就是不確定性，機會與風險是並存的。因此，投資者應繼續保持謹慎態度，看準時機再進行投資。

儲蓄

儲蓄作為一種傳統的理財方式，早已根深蒂固於人們的思想觀念之中。一項調查表明，大多數居民目前仍然將儲蓄作為理財的首選。

債券

債券是政府、金融機構、工商企業等機構直接向社會借債籌措資金時，想向投資者發行，並且承諾按一定利率支付利息並按約定條件償還本金的債權債務憑證。債券的本質是債的證明書，具有法律效力。債券購買者與發行者之間是一種債券債務關係，債券發行人即債務人，投資者（或債券持有人）即債權人。

債券是一種有價證券，是社會各類經濟主體為籌措資金而

向債券投資者出具的，並且承諾按一定利率定期支付利息和到期償還本金的債券債務憑證。由於債券的利息通常是事先確定的，所以，債券又被稱為固定利息證券。

外匯

越來越多的人們藉由個人外匯買賣，獲得了不菲的收益。各種外匯理財產品也相繼推出，供投資者選擇。

保險

保險是以契約形式確立雙方經濟關係，以繳納保險費建立起來的保險基金，對保險合約規定範圍內的災害事故所造成的損失，進行經濟補償或給付的一種經濟形式。保險的種類很多，投資者可根據家庭情況決定投資險種。

附：測試你的理財觀念

	是	否
你是不是訂定好了個人和家庭的理財目標？		
你了解自己的財務情況嗎？		
你經常管理自己的資產嗎？		
你經常注意有關理財的資訊嗎？		

你平時在家裡管錢嗎？		
你經常入不敷出嗎？		
你會為了一百元去儲蓄嗎？		
你知道自己的投資風險有多大嗎？		
你充分了解投資了嗎？		
對孩子將來的教育費用，你有沒有先準備？		
你是不是自己報稅？		
你會不會節稅？		
你會分散自己的投資嗎？		
你能區分消費與儲蓄嗎？		
你覺得你和家人的壽險保額夠嗎？		
你有沒有良好退休計畫？		
你覺得自己的遺產安排妥當嗎？		
你對自己的投資滿意嗎？		

評分：

在每個題目後面的括弧中回答「是」或「否」或「？」。

如果的回答中 9 ～ 18 個「否」和「？」，表示你對金錢漠不關心，有必要學會好好理財；4 ～ 8 個，表示你對金錢有一定程度的關心，但需要更進一步；0 ～ 3 個，表示你很關心你的家庭

財務狀況，很好，請繼續保持。

專家建議：根據家庭情況選擇投資方式

每個家庭的資產情況都不同，有的家庭適合投資基金，有的家庭適合投資股票，有的適合投資債券。因此，明智的家庭投資者應根據自己的情況選擇合適的投資方式，這樣你才能輕鬆淘到家庭的第一桶金。

投資的策略選擇因「家」而異

1999 年，美國《富比士》雜誌列出世界七大富豪，著名投資家波克夏 · 海瑟威（Berkshire Hathaway Inc.）公司總裁華倫 · 巴菲特（Warren Buffett）以 360 億美元的個人資產在排行榜上居位，僅次於比爾蓋茲（Bill Gates）。

然而，巴菲特擁有三百多億美元的財富不是一夜之間的事，靠的就是一股堅忍不拔的毅力來獲得成功。他的投資策略十分簡單：一、永不賠錢；二、永遠不忘第一條。他成功的祕密很簡單：把「複利」的技巧運用得出神入化。而讓「複利」發揮威力的正是漫長的歲月。

因此要把家庭理財視為一個長久的事業經營下去，要有耐心並持之以恆，總有一天，你會收穫頗豐。不過，投資策略選

擇要因「家」而異。因為，每一個家庭都有自己獨有的特點，不同的家庭要採取不同的理財方式。像是小剛，因為追趕潮流，結果弄得自己很狼狽。

　　小剛大學畢業留在大都市成為了一名公務員，在外地的父母大方地拿出一百萬元給他結婚使用。小剛看中現在的房地產市場搶手，決定做一些房地產投資。他看學校附近租房市場可觀，就投資買了一間有兩間起居室的中古屋，租金收入相當可觀。但是，事情並沒有想像中順利，先是第一對租房者提出要增配洗衣機、電冰箱，看在租金較高的份上，小剛增加這些設備，結果這兩個租房者住了兩個月就搬走了。第二對租房的大學生搬來後常常徹夜狂歡、打牌喝酒，鄰居不堪其擾，管理會找小剛談話兩次。第三對租房者看來老實，卻將房子作為堆放山寨違法產品的倉庫，結果害得小剛也被牽連。這給小剛帶來了很大的困擾。

　　理財專家認為，對於小剛這類剛剛新婚的上班族，沒有家人可以分擔事務，如果投資產品要消耗較多的精力，甚至占用上班時間，就得不償失了。因此，小剛作了及時調整，將中古屋賣出，可以有一些盈利，然後把一部分資金在低位買入了偏穩健的開放式基金，一邊安心上班，一邊還可以得到小額收益。這樣的投資安排讓小剛大鬆了一口氣，他說：「投資前應對個人的風險承受能力、財務狀況等情況進行綜合判斷，適合別

人的投資方式並不一定會適合你。」

　　因此，愛好投資的你一定要吸取小剛的教訓，根據自己的情況選擇合適的投資方式。下面，理財專家給你一些有用的投資建議，幫助你找到適合自己的投資策略。

一、訂定合理的投資目標

　　投資人首先要清楚地確認自己日後生活水準的期望值是哪些？預期要達到的報酬率是多少？然後，根據自身的情況訂定合理的目標。訂定目標時，不要過高，過高就沒有勝利的感覺，也不能過低，經過自身的努力就能達到的目標，才能讓你體驗快樂的感覺。

二、保持平和的心態，不要貪婪

　　訂定的目標報酬率通常都是高於銀行存款利率的，合理的報酬率通常是市場報酬率。而任何高於銀行存款利率的報酬率就一定有投資風險，因此對投資者而言，能找到適合自己需要的目標報酬率固然重要，更重要的是如何降低不必要的投資風險，切忌貪婪。

三、吸取新的投資理念

　　熟悉新的金融工具將有助於幫助您用理性的思維方式讓財

富增值、保值。只有讓新的知識不斷充實頭腦，才能獨具慧眼，輕鬆地駕馭您的生活。

四、借助專家的力量

為規避市場風險，借助專家的力量幫你理財，是一個上上策略。一般來說，理財專家對所研究的行業比較透澈，對行情的趨勢把握得比較準確，因此，專家的建議通常會讓你事半功倍。

經驗豐富的投資者告訴你：凡是投資都是為了收益，不過收益的同時也是在增加抵禦工作收入風險和通貨膨脹風險的能力。由於風險和收益永遠是成正比，所以，風險越高的投資方式也越會給財富帶來更多的增值。但是，風險高的投資方式並不一定適合你。所以，適合你自己的投資策略才是最重要的。

專家建議：不同類型家庭的理財策略

如果一個年輕的家庭，承受風險的能力相對較強，在家庭財務的安排上應採取一些積極進取的策略進行理財，使家庭財產快速增加；如果是一個上有老下有小的中等收入的家庭，那麼投資應該採取相對穩健的投資方式，而一些家庭屬於成長期，是累積財富的階段，很多人生目標需要去創造和實現，最好選擇保守投資方式。

選擇最適合你的投資方式

從前，有一個漁民、一個書生和一個商人，都想去大海南邊的一個好地方謀生。有經驗的老漁民告訴他們，那個地方很遠很遠，渡海時一定要帶上指南針，免得迷路。於是，漁民和書生各買了一隻指南針，唯獨商人不相信，認為自己沒有指南針，照樣可以闖南走北。因此，他買了船，裝足了食物，就跟著出發了。走到半路，海面上起了大霧，看不清方向，商人和他的夥伴失去了聯繫，結果闖進了急流，船翻人亡。

漁民和書生闖過了大霧，碰見了一片礁林。漁民說：「快繞開，不然礁石就會把船碰翻。」書生指著指南針，搖搖頭說：「不行，方向不能改變！」他不聽勸阻，眼睛盯住指南針，徑直將船駛進了礁林，結果觸礁翻船，落個和商人一樣的下場。只有那個漁民，繞過了片片礁林，闖過了重重風浪，終於到達了目的地。

這個故事告訴人們，要做好一件事，要對其了解透澈，如果漁民砍柴，樵夫釣魚，到最後就會竹籃打水一場空。用最適合自己的方式做最適合的事，就是最正確的事。

有句古話：「吃不窮，穿不窮，算計不到就受窮」，簡明扼要地說明了生活要懂得理財的道理。何謂理財，通俗地說，就

是懂得花錢和賺錢，讓錢生錢！

在今天，越來越多的人已經在自覺不自覺地參與著理財的活動，像是說貸款消費、銀行儲蓄、買股票、買保險等等，但日常生活中所進行的這些理財活動往往缺少系統的規劃，較隨意，而就在這個過程中， 財富累積已承受到了損失。因此，更多地了解適合自己的投資方式，才能獲得更多賺錢的機會。

總體來說，家庭理財的投資方式歸納出來有：儲蓄、債券、股票、基金、房地產、外匯、古董、字畫、保險、彩券、基金、錢幣、郵票、珠寶。在這十四種當中，古董和字畫具有豐厚的增值內涵，但需要豐富的專業知識和鑑賞能力，非一般人能操作；郵票在家庭收藏中較為普遍，但作為一種投資，效果並不十分明顯，更適合個人的愛好收藏；外匯，其運作受國際金融形勢影響，有很大的不可預測性，風險性較大；彩票，近乎賭博，只能作為生活的一種調味……因此，最為常見的家庭理財方式還是集中在銀行儲蓄、債券、房地產、保險、股票幾種工具的運用上。下面，為大家一一介紹，看看你最適合哪種投資方式。

儲蓄

銀行儲蓄，方便、靈活、安全，被認為是最保險、最穩健的投資工具。儲蓄投資的最大弱勢是，收益較之其他投資偏

第四章 投資理財，讓錢生錢

低，但對於側重於安穩的家庭來說，保值目的基本可以實現。

基金

基金投資，其風險比股票小、信譽高、利息較高、收益穩定。現在投資基金的上班族越來越多，它的特點十分的明顯，特別適合大多數人群，而且交易簡單。

股票

購買股票是高收益高風險的投資方式。股市風險的不可預測性畢竟存在。高收益對應著高風險，投資股票的心理強度和邏輯思維判斷能力的要求較高。

外匯

外匯投資對硬體的要求很高，且要求投資者能夠洞悉國際金融形勢，其所耗的時間和精力都超過了上班族可以承受的範圍，因而這種投資活動對於大多數上班族來說不現實。外匯投資方式頂多值五分。

房地產

購買房屋及土地，這就是房地產投資。房地產投資已逐漸成為一種低風險、有一定升值潛力的理財方式。購置房地產，首先可用於消費，其次可在市場行情看漲時出售而獲得高報

酬，且投資房地產不受通貨膨脹的影響。 但是投資房地產變現時間較長，交易手續多，過程耗時損力。不過，這些相對於其升值潛力來說，微不足道。

字畫

名人真跡字畫是家庭財富中最具潛力的增值品。但將字畫作為投資，對於上班族來說較難。而且現在字畫贗品越來越多，國外的幾家大拍賣行都不敢保證傳統中國字畫的真實性，這又給字畫投資者一個不可確定因素。

珠寶

享受投資珠寶，有一舉兩得的功效。珠寶的保值作用增強，國際上亦將黃金作為對付通貨膨脹的有力武器之一。對於普通上班族家庭，珠寶可以作為保值的奢侈消費品，但作為投資管道不可取。

附：測試你的投資風格

	是	否
你喜歡賭博嗎？		
你會不會在投資虧損的壓力下還能保持良好的心態？		
你經常患得患失嗎？		

你是否寧可買一隻風險甚高的股票，也不願把錢放在銀行裡生小錢？		
你對自己的決定是不是樂觀、自信？		
你是不是喜歡自己做決定？		
站在證券營業大廳，你還能控制住情緒嗎？		

評分：

請在每個問題後面的括弧裡寫上「是」或者「否」。

如果你的答案有六個或七個「是」，你就是進取型的人；如果只有一兩個「是」，應該算是極端保守的人；答案若有三至五個是肯定的，可能是中庸型或保守型。肯定的答案越少，越傾向於保守。

專家建議：多大的腳穿多大的鞋

常言道：「多大腳穿多大的鞋。」用在投資理財上，是說每一個投資者都應該了解適合自己的投資方式，在自己了解的理財產品中才能生活得如魚得水。

若能看準行情，不妨試試買股票

股票，是個好東西！

有的人因為它一夜暴富！

有的人因為它一夜間傾家蕩產！

如果你有足夠的準備，如果你能看準行情，你有足夠承受風險的能力，不妨試試買股票。

對於大多數股民來說，買股票好像是隨心所欲，只要覺得有感覺就著手進入股市。可是股市並不同其他市場，資訊變化萬千，隨意的結果大多是被套牢，然後抱回家睡覺，等待解套。因此，股票投資首要的工作在於選擇一個良好的投資時機。

專家建議，如果買入股票時能掌握一些有效的原則並嚴格遵照執行可以大大減少失誤而提高獲利機會。

一、看準行情

在準備買入股票之前，首先應對大盤的運行趨勢有個明確的判斷。沒有特殊情況之下，大盤趨勢應該能夠顯現股票未來的走勢。

二、逐漸進入股市

如果你不是把股票作為你發財夢想的話，也可採取分批買入和分散買入的方法，這樣可以大大降低買入的風險。但分散買入的股票種類不要太多，一般以五種以內為宜。另外，分批買入應根據自己的投資策略和資金情況有計畫地實施。

三、最好在谷底進入

股市的波動是呈波浪形前進的。中長線買入股票的最佳時機應在底部區域或股價剛突破底部上漲的初期，可以說這是風險最小的時候。短線操作雖然天天都有機會，但考慮到短期底部和短期趨勢的變化，要快進快出，同時投入的資金量不要太大。

四、隨時提防風險

作為投資者，應時時保持清醒的頭腦，提防股票風險的危機，並盡可能地將風險降至最低程度。買入股票時機的把握是控制風險的第一步，也是重要的一步。

五、強勢原則

「強者恆強，弱者恆弱」，這是股票投資市場的一條重要規律。這一規律在買股票時會對所有的家庭有所指導。遵照這一原則，你們應多參與強勢市場而少投入或不投入弱勢市場。在問板塊或問價位的股票之間，應買入強勢股和領漲股，而非弱勢股或認為將補漲而價位低的股票。

六、關注題材

要想在股市特別是較短時間內獲得更多的收益，關注市場

題材的炒作和轉換是非常重要的。雖然各種題材層出不窮、轉換較快，但仍具有相對的穩定性和規律性，只要能掌握得當就會有豐厚的報酬。

七、不要貪心

投資者在買入股票時，都是認為股價會上漲才買入。但若買入後並非像預期那樣上漲而是下跌該怎麼辦呢？如果只是持股等待解套是相當被動的。股票投資迴避風險的最佳辦法就是止損、止損、再止損，別無他法。因此，你們在買入股票時就應設立好止損位並堅決執行。短線操作的止損位可設在5%左右，中長線投資的止損位可設在10%左右。只有學會了割肉和止損，你才是成熟的投資者，才會成為股市真正的贏家。

每一個投資者一旦涉入股市，都想獲利。但股市是一個特殊的市場，任何一個風吹草動，都能波及到它。因此，以一個投資老手的話來說：「如果你想在股市中賺錢，那麼就要學八字真言『賺谷、輸縮、要忍、要狠』，才會笑傲股市」。

下面，給大家介紹由美國《金融時報》總結的「當代投資大師」的彼得‧林區（Petel Lynch）、華倫‧巴菲特（Warren Buffett）及索羅斯（George Soros）三位大師的投資心得，供一般散戶參考。

必須有投資體系：巴菲特專門發掘超值股，索羅斯偏愛高

成長股。兩者選股方法各有不同，前者選股是以股票的價值為基礎，後者則基於對股票前景的信心。這兩套方法，投資者可因本身的性格和條件，選擇其一，最重要的是「從一而終」，切忌左搖右擺。

選定系統堅定不移，發揮本身的長處：選定適合自己的投資體系後，便要發掘本身的強項，加以發揮。例如林區，他擅長從正面去想，在評估一檔股票時，總是想「我為何要買這檔股票」，與一般分析家先想「有什麼理由不買」大相徑庭，所以他總能發掘出一檔股票不為人知的優點。而索羅斯洞悉市場去向的能力遠比別人強，頭腦冷靜，分析力強，不易被市場假象所蒙蔽。

一旦投資出現虧損，便要提高警惕：投資者追求的是在最低風險之下尋求理想的報酬。因此，投資成功的關鍵，是投資決策的命中率。

多做多錯，避免買賣次數過多：所有大師皆提醒投資者不宜買賣過頻，因為多做多錯，會增加交易成本。

不熟不買，只投資自己熟悉的公司：在買下一檔股票前，必須做足功課，研究有關的公司及行業前景，不要涉及不認識的公司及行業。

附：

　　當別人貪婪時我們恐懼，當別人恐懼時我們貪婪。無人對股票感興趣之日，正是你應對股票感興趣之時。

—— 華倫・巴菲特（Warren Buffett）

專家建議： 投資股票的三個必備條件

要賺股市的錢，必須具備三個條件：

1. 對市場大小細節，要全盤熟悉
2. 掌握買賣技巧
3. 克服個人的貪念及恐懼

為了安全與輕鬆，可以購買基金

　　在國外，投資基金其實非常流行。由於基金具有專業化、大眾化、低風險、高收益等特點，所以近年來，基金投資成為熱門的投資產品。下面，我們一起來看看基金投資到底有什麼優點呢？

一、專家管理，獲得智力支持

　　基金是由基金管理人（公司）的專業人員進行具體操作的，所以對於投資者來說，就相當於聘用了一批投資專家為其出謀

劃策。例如，蘇格蘭羅伯特・弗萊明資產管理公司（Robert Fleming & Co.）有四百多位投資專家重點追蹤全球三千五百多種股票的情況，每天根據研究結果提出基金的投資組合以及調整方案。有句俗語道「三個臭皮匠，勝過一個諸葛亮」，何況是眾多的專家組合，避免一般投資者由於缺乏專業知識和無法進行全面的考察導致的投資失誤。

二、買賣手續簡便，提供多種服務

投資基金由於按單位計算，每單位價格較低。投資者可根據資金多少，隨意購買，避免了由於財力不足無法投資的遺憾。這相對於許多的投資方式由於資金、交易資格等原因使一般投資者望而卻步來說是很大的好處。

同時，投資基金還可以根據投資者的需要提供一系列的服務，如確定股份的分期付款購買、股息的自動再投資、股份的定期收回清償以及投資過程中的諮詢服務等。

三、可以分散投資以降低投資風險

有過一定投資經驗的人一定知道這樣一句：「不要把所有雞蛋放在一個籃子裡」，其含義就是避免由於單一的投資產品的突發損失導致一損俱損。多元化投資是投資運作的一個重要策略。普通投資者由於資金的原因往往不能做到這一點。而基金

管理人士可根據不同的比例，將聚集而來的資金分別投資於各類證券產品或其他項目，可以最大限度地降低風險，同時也不會過多地分散收益，這就實現了投資收益與風險的理想狀態。

四、流動性強，變現能力好

投資基金不僅具有高安全、高收益的特點，還具有流動性強、容易變現的特點。它的流動性表現在當投資者急需現金或以為內其他原因需要抽回資金時，投資者可在證券市場上將投資基金受益憑證售出從而收回現金。

五、具有高收益

由於分散投資的做法為基金拓展獲利空間提供了保證，再加上眾多專家的專業運作，基金的報酬往往較高。從實際情況來看，國外不少投資基金的投資報酬率均在 30%左右。

由於社會地位、年齡、收入水準、家庭投資和理財觀念的差別，投資的策略和目標大不相同。下面，給大家簡單介紹有關基金的種類以及特點，投資者清楚自己的投資策略和目標後，就可明智選擇與自己投資策略相一致的基金類型。

根據基金單位是否可以增加或贖回，證券投資基金可分為開放式基金和封閉式基金。

開放式基金的基金單位的總數不固定，可根據發展要求追

加發行，而投資者也可以贖回，贖回價格等於現期淨資產價值扣除手續費。大多數的投資基金都屬於開放式的。 封閉式基金發行總額有限制，一旦完成發行計畫，就不再追加發行。投資者也不可以進行贖回，但基金單位可以在證券交易所或者櫃檯市場公開轉讓，其轉讓價格由市場供求決定。

根據組織形態的不同，證券投資基金可分為公司型投資基金和契約型投資基金。

公司型基金是具有共同投資目標的投資者依據公司法組成以盈利為目的、投資於特定對象（如有價證券，貨幣）的股份制投資公司。這種基金藉由發行股份的方式籌集資金，是具有法人資格的經濟實體。契約型基金是基於一定的信託契約而成立的基金，一般由基金管理公司（委託人）、基金保管機構（受託人）和投資者（受益人）三方透過信託投資契約而建立。契約型基金的三方當事人之間存在這樣一種關係：委託人依照契約運用信託財產進行投資，受託人依照契約負責保管信託財產，投資者依照契約享受投資收益。

根據證券投資風險與收益的不同，可分為成長型投資基金、收入成長型投資基金（平衡型投資基金）和收入型投資基金。

成長型投資基金是以資本長期增值作為投資目標的基金，其投資對象主要是市場中有較大升值潛力的小公司股票和一些

新興行業的股票。這類基金一般很少分紅，經常將投資所得的股息、紅利和盈利進行再投資，以實現資本增值。

收入型投資基金是以追求基金當期收入為投資目標的基金，其投資對象主要是那些績優股、債券、可轉讓鉅額定期存單等收入比較穩定的有價證券。收入型基金一般把所得的利息、紅利都分配給投資者。

平衡型基金是既追求長期資本增值，又追求當期收入的基金，這類基金主要投資於債券、優先股和部分普通股，這些有價證券在投資組合中有比較穩定的組合比例，一般是把資產總額的 25%～ 50%用於優先股和債券，其餘的用於普通股投資。其風險和收益狀況介於成長型基金和收入型基金之間。

根據投資對象不同，投資基金可劃分為股票基金、債券基金、貨幣市場基金、期貨基金、期權基金和認股權證基金等。

股票基金是最主要的基金品種，以股票作為投資對象，包括優先股票和普通股票。債券基金是一種以債券為投資對象的證券投資基金，其規模稍小於股票基金。期貨基金是一種以期貨為主要投資對象的投資基金。期貨是一種合約，只需一定的保證金（一般為 5%～ 10%）即可買進合約。期權基金是以期權為主要投資對象的投資基金。期權也是一種合約，是指在一定時期內按約定的價格買入或賣出一定數量的某種投資標的的權利。

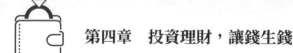

專家建議：你適合投資什麼類型基金？

對於普通的投資者而言，選擇適合自己的基金進行投資，在自己可以承受的風險程度下實現投資收入最大化，是最為理想的投資模式。簡單地說，你首先要有「多大的腳穿多大的鞋」的觀點。綜合考慮所期待的預期投資報酬、所能承擔的風險等因素，確定所願意投資基金的類型。

激進型成長基金就像高性能法拉利；成長型基金就像跑中高速的賓士；成長與收益型基金有點像穩定型富豪（volvo）；固定收益基金像多功能休旅車；貨幣市場基金則以其低業績低風險而像吉普車。開什麼車並不重要，重要的是車型必須適合你。

求穩，不妨購買債券

債券是一個具有獨特功能的投資方法。與儲蓄相比，債券具有較高的收益率；與股票、期貨相比，債券的風險較低。因此，對於想獲高於銀行利息的報酬而又不願意承擔太大風險的投資者來說，可以選擇這種工具。

在投資債券前，要了解債券投資的成本到底有哪些？一般來說，債券投資的成本由購買成本、交易成本和稅收成本三部

分組成。

投資者要獲得債券須等價交換，它的購買成本在數量上就是本金，即購買債券的數量與債券發行價格的乘積；若是中途的轉讓交易，就是數量乘以轉讓價格。對附息債券來說，它的發行價格是發行人根據預期收益率計算出來的，其購買成本的計算如上所述。

債券在發行一段時間後就進入二級市場進行流通轉讓，如果在交易所進行交易，還得付給經紀人一筆傭金。

最後要考慮的是稅收成本。依照購買債券種類的不同，扣稅的比例也不同，一定要看清楚。

毫無疑問，每一項投資最後追求的是收益。影響債券投資收益的最直接的因素就是利息。在投資債券時利率會有許多差別，而這種利率方面的差別主要是受到了殘存期限、發行者的信用度和市場性等因素的影響。利率的不同會最終影響投資的實際收益率。一般來說，信用程度高的發行者發行的債券，發行利率可能相對低一些。而債券的流通性不同，也會引起債券市場利率的差異。流通性高的債券，利率較低；流通性低的債券，利率較高。

雖然債券是所有理財品種中相對穩定的理財產品，但並不是一點風險都沒有。種類和性質的不同，決定風險的大小，關鍵在於你怎麼選擇和把握。這裡，給你介紹一種保本投資技

巧，供期望穩健型投資者做參考。

假設你有 10,000 元本金準備入市，可以選擇一種收益率相對較高的國債作為主要的投資對象，如 x x 國債。這種債券為三年期，票面利率為 14.5%。如果你用 7,000 元購買這種國庫券，三年後本息和為 10,045 元。假設國債沒有償付風險，三年後你肯定能拿到 10,000 元，本就保住了。這時你可以再用餘下的 3,000 元去買股票，股票投資能獲利，可能會超過全部投資於國債的利息收入，股票投資虧損，也不至於血本全無，虧的只是利息。這種保本投資法雖然收益不高，但風險很小。

專家建議：避免投資債券風險的技巧

投資者要降低和迴避風險，可採用以下方法：一是購買國債、地方政府債券和大金融機構的債券；二是在選擇債券特別是公司債券以前要參考信用評級的結果。通常情況下，凡是公開發行的債券都要進行信用評級。

投資黃金一定要選擇好時機

黃金以其耐用、美觀和稀有的特性，自古以來就是人們保值增值的有效工具。近年來，黃金投資更是風靡全球，廣受投資者追捧。

　　投資黃金市場，雖然不需要過多地擔心風險與獲利，但是作為理財投資，仍然需要認真比較和考慮。對於黃金投資來說，一定選好時機。

　　隨著國際金價不斷刷新高點，使得以金銀為基本原料的金銀投資幣和部分市場價格與黃金、白銀原料價格相去不遠的金銀紀念幣受到買盤的青睞。

　　透過投資者的經驗交流，國際金價與金幣行情的波動就是順理成章之事。借「國際金價波動」之題，使黃金形成價格上漲之實也是經銷商、投資者的操盤及獲利手法。

　　那麼大家該如何投資黃金市場呢？

　　理財師建議投資者像買基金一樣買黃金，透過「定額定投」的方式，每隔一段固定時間，以固定的金額購買黃金，而不管價格的短期波動。這一策略的優勢在於可以平均成本，分散風險，平復價格的短期波動，也免去了投資者如何選擇入場時機的難題與煩惱。與此同時，藉由嚴格的計畫約束，也避免了投資的隨意與盲動。

　　從歷史經驗來看，黃金的紅利上漲往往都要持續十幾年、甚至數十年。因此結合當前對金價走勢的判斷，在投資期限的設定上，建議投資者最少以十年為投資跨度。

專家建議：黃金投資的市場分析

就個人投資理財的角度而言，最好把投資黃金當做一種長期策略。簡言之，就是買入並長期持有。

在黃金長期看漲的市場狀況下，長期投資通常都比短期投機、頻繁買賣獲得更好的收益。特別是對於不具備專業知識與技巧的普通投資者而言，短期投機的結果往往是虧損，而在長期投資的策略下，投資者就可以避免因做其力不能及的事而導致虧損的結果，同時也省下了許多時間和精力。

相對安穩的房地產投資

許多生意場上拼殺多年的生意人以及在股票市場上的投資者都發現，購房物貸款利率大大低於商業貸款利率，而且其投資風險低，保值、增值的機會大。

對大部分家庭來說，房地產投資都有可能造成不小的負擔。因此必須精打細算，進行詳細地成本核算，以便正確地了解投資額度，從而根據家庭的實際情況進行理性投資。因此，如果你準備利用房地產投資，就需要了解房地產投資的成本以及相關費用。

房地產投資的成本項目繁多，頭期款、房貸、保險費、公

證費、生活設施開通費、稅，還有頭期款和房貸的利息損失（即機會成本）。在這些費用中，頭期款目前最低為房地產售價的二至三成，一般要求在簽訂購房合約時付清；銀行房貸是指房款不足向銀行貸款的部分，還款方式主要有等額還款和等本金還款；生活設施開通費是指為了新房開通管道瓦斯或者天然氣供應、安裝有線電視等所收取的費用。

如果你要進行房貸，那麼就要提供「家庭收入證明」。在這之前，你一定要清楚家庭所能承受的還款限度，每月還款不能超過家庭收入的 50％，否則一旦出現無法還貸的情況，那麼承擔責任的將只有你自己。

因此，在進行房地產投資前，必須了解情況包括：房價、地段、安寧、貸款、費稅、裝潢等各個方面，只有這樣才能對房地產做出準確的判斷，不至於因為出現以外的費用而使家庭投資預算變得捉襟見肘。

下面，一起來看看「智慧型家庭」房地產理財案例。

阿傑對那個傳說中皇宮貴族般的大樓只能望而興嘆，價格實在是太高了。阿傑始終對這個環境不俗的社區心儀不已，但是薪水的漲速明顯敵不過房價的漲勢。閒聊起時，妻子芳芳的一席話點醒了夢中人：「我們買不起，未必住不起呀。利用不同區域房屋的租賃報酬差，就可以順利地住進這個心儀已久的社區。」

我們來看他們是怎麼做的：阿傑夫婦現有一間位在郊區 21 坪兩房的老式公寓，如果出售，大概可以套現 800 萬元，夫婦倆還有 300 萬元的現金。如果要買那個心儀的新社區，36 坪三房的房價已經漲到 2,000 萬元，阿傑夫婦的資產能夠貸款七成購買這間中古屋，剩下的現金用於支付各類稅費和裝潢。但從此以後，夫婦倆每月要支付 50,000 元左右的房貸二十三年，對於月薪總額僅 60,000 元的這個家庭來說，弄完這些，兩人生活水準將迅速下降，而且以阿傑夫婦的收入情況，銀行現在不會放貸。

　　按照阿傑妻子的方案，住的問題就得到了解決。夫婦倆將老房子轉售為租，月租金 15,000 元，300 萬元的現金再貸款買間郊外 600 萬元左右的老房子，月租金 10,000 元。而那個環境很好的新社區因為入住率低，三房精裝潢的月租金僅 25,000 元。夫婦倆用兩間房子的租金租下了這間新房，住進了自己心儀的社區，每個月只需額外支付小房子的房貸一萬多元。

　　你看，精明的阿傑夫婦不僅住進了心儀的社區，還買了一套小型住宅，在滿足了自我的同時又大有收穫，真是一舉兩得。

　　不過，投資房地產，應對適當適度，更不能用買股票的思維去炒房。那種孤注一擲，希望買一套房子並在三個月後出手獲利的投資人，應該放棄這樣的想法。而且如果真的要投資房地產，也要綜合考慮未來的成本，留足家庭生活的緊急備用金

和足夠的還貸資金後，再行考慮投入房地產市場。 歷史上，出現過很多的房地產泡沫，像是香港和日本。

1980 至 1997 年前，香港房地產只升不跌，由 1980 年代的每平方公尺新臺幣 5 萬元，升至 1997 年前的每平方公尺新臺幣 50 萬元。到 2003 年跌至每平方公尺新臺幣 15 萬元，2005 年穩定在每平方公尺新臺幣 25 萬元。香港房地產，比高峰時回升了五成。

日本從 1970 年代到 1990 年代初期是高峰，東京的地段升至每平方公尺新臺幣 100 萬元。調整了十年，在 2005 年穩定在每平方公尺新臺幣 40 萬元，比高峰時回升了六成。

香港股票也由 1997 年的 15,000 點下調至 1998 年的 7,000 點，2005 年在 13,000 點上徘徊。

日本的股票由 1991 年的 39,000 點，下調至 2003 年的 9,000 點。

對這兩個地方的人來說，財富在幾年來蒸發掉一半。整個東南亞地區，臺灣、新加坡都一樣，一場金融危機後，房地產及股票同時下調至高峰的一半，財富兩三年內蒸發一半。

一朝被蛇咬，十年怕草繩。現在香港年輕的一代，都害怕投資房地產。怕重複父母一輩的錯誤，變為負資產。

凡是涉及投資，就會有收益，收益的背後當然也伴隨著風險。如果你寄希望於投資房地產，必須清楚明白房地產投資的

成本、市場資訊以及自身防範風險的能力。如果你沒有做好足夠的準備，買房最好以居住為佳！

專家建議：房地產投資量力而行

房地產投資的流動性較差，尤其是在變現能力方面，沒有辦法跟投資資本市場相比，而且排除當前房價瘋漲、增值快速的情況，從長遠來看，正常情況下，房地產投資其實是一項增值較慢但是風險較小的投資。因此在國家當前頻繁加息、對後期投資行為做出預警的時候，除了那些非常熟悉房地產投資的投資者，普通投資者購房還是要以滿足自住需求為主，特別是對房地產投資一點都不懂的人，更不要在目前的情況下跟風投資。

「以租養房」的訣竅

近年來，投資意識逐漸增強，許多人出於保值、增值的願望，將目光瞄準了房地產這一投資領域，湧現了不少以租養房的「精明人」。

總體來說，「以租養房」主要分為兩大類：一是他們原來有一間房子，透過貸款購買新房，再將原有房屋出租，用租金償還貸款；二是直接購買新房或中古屋後用於出租，用所得租金

償還貸款，以投資房地產生財。

　　事實上，「以租養房」並不是一個簡單的過程，它需要投資者累積一定的資本，掌握一定的購房知識和技巧，最大限度地發揮以租養房的優勢。那麼，以租養房有哪些訣竅呢？

一、新房出租技巧

　　如果你是買新房轉而出租，就需要多考慮些，因為房屋租賃市場與買賣市場對房地產好壞的評判標準是不一樣的。好賣的房子不一定好租，好租的房子不一定好賣：好租的地方不一定是商業中心，也不一定是買賣市場最活躍的地方，它一般是一個發展較好、社區環境相對成熟的地區。因此，如何選擇房地產的地段、類型、房型等頗有講究。此外，還要考慮出租給什麼人合適、什麼時候變現等等。這些因素要綜合起來比較分析，然後再決定購買什麼房子。畢竟你購房純粹是為了投資，如果頭期款後每月的租金收入不足以償還貸款，那就麻煩了。

二、直接購買新房或中古屋後用於出租的技巧

　　對此類投資者來說，由於原有房屋的地段、房型、周邊環境等已定型，房屋出租後租金收入受周邊同類管理會影響差距不會太大，而所得租金主要用於歸還新房的貸款，有時每月租金收入可能還小於還貸款額。這時，更重要便是如何增加月租

金收入。比較簡單且有效的辦法就是先花上幾萬對原有房屋做個性化的裝飾、整理或者添購一批物美價廉的家具、電器，以提高租賃價值，再尋找合適的房客租出去。這樣一來，月租金往往會比同類房屋高出一籌。

「以租養房」只是一種投資策略，不會在短時間內奏效，而且任何一種投資都不會一帆風順，同樣如果你準備以租養房，那麼有時候會因為出租關係的不確定性，租房投資也會有不可預知的難題。管理費、銀行貸款等當然必須準時交納，可是萬一房租出租遇到一個「空窗期」，即從買下後到出租的那段時間或者已出租的房子也可能會中途「斷檔」，這就需要你有周密的考慮並預留一部分資金足夠度過這樣的「風險期」。只有這樣，才能更好地發揮以租養房的優勢。

不過，房地產作為一種投資，是一種永久性商品，除因大型意外災害，它不會受到損害，也不會丟失，是一種不需要保險箱保管的財富。房地產租賃投資具有保值、增值及投資收益率高的特點，房價上漲，房屋租金自然隨著上升。如果將原有房屋出售後的房款存入銀行，利息收益較低，相反若將其出租，按當前的市場租金水準，收益率肯定要高於存款利率，能夠良好抗衡通貨膨脹。因此，「以租養房」是一個相對穩健的理財方式。

買保險要先買最急需的

保險是什麼呢？它其實是一種互助共濟來規避風險的方式。這個世界上風險是無處不在的，天災人禍每時每秒都在發生，保險不但提前做了轉移風險的準備，並且也是真正在風險來臨時能發揮出最大作用，給人們帶來最切實的幫助和利益。

買保險如同和上帝簽訂了一個合約，保證你們一生平安，萬一有問題由它來解決。買保險也如同買了一個孝順孩子，當您遇到危機時，他會捧著錢來。因此，保險就是互助，就是未雨綢繆，就是安心、保護、責任和價值的證明，是常說的「保障」的替代品，每個人都應該擁有它。

那麼，你該如何購買保險呢？

不可否認，保險業首先也是一個力圖盈利的行業，所以保險公司當然會針對客戶力圖平安的心理推出各式各樣的險種。然而並不是所有的風險都要投保，有些風險是可以藉由其他方式予以避免的。購買保險的一個總原則是：優先購買最急需的產品，先近後遠，先急後緩。

以一個司機來說，他除了基本車險外，最應該購買的是「意外傷害險」，而不是先給自己買一份「養老保險」。因為司機幾乎每天都要頻繁地使用高風險的交通工具，經常要加班，偶

爾還可能遭遇來自人身安全方面的威脅，意外風險對於他來說正是首當其衝的難題，解決唯一的辦法就是先為自己上一份意外傷害保險。這樣萬一災難發生，父母子女可以得到一筆賠償金，家人不至於由於他的猝然離去而陷入經濟困頓。

對於那些一天恨不得工作十幾個小時，透支健康的高級白領來說，當務之急是擠出時間去健身，然後購買一份「重大疾病險」，以防萬一。

按照「先近後遠、先急後緩」的原則，適合購買的家庭型保險有：

- 人身意外保險：家庭投資首先要關愛自己。它承保由意外傷害造成的人身傷亡事故。

- 健康保險：它包括醫療保險和殘疾收入補償保險（即疾病或意外傷害事故所致的經濟損失的保險）等。

- 人壽保險：人壽保險金額一般由投保人根據自己的需求和經濟上自由確定，保險公司往往對最低保險金額做出相應規定。保險費可一次付清，也可分期付清。

- 汽機車保險：分為車輛損失險和第三者責任險兩部分。第三者責任險承擔駕駛員在使用保險車輛過程中發生意外事故，致使第三者人身傷亡或財產毀損造成的損失。一般包括：緊急治療費和住院費、傷亡和財產損壞的賠償、法律費用和處理索賠的費用。

· 個人責任保險：如由於過失引發火災造成單位財產損失等這些本應由主人承擔的損失賠償透過參加個人責任保險可轉嫁到保險公司身上。保險公司既承擔人身傷害責任，又承擔財產損失責任。

· 旅遊保險：旅遊保險的種類很多，包括：旅遊者人身意外傷害保險、住宿旅客人身意外傷害保險、航空安全保險、旅遊救援保險等。

附：保險業發展大事記

· 西元前 4500 年，古埃及出現應付風險的喪葬互助協會，被認為是保險的最初雛形。

· 西元前 916 年，羅地安海商法正式規定「共同海損」原則。

· 西元 1347 年，義大利簽發了最古老的一張船舶航程保單。

· 西元 1666 年，倫敦發生嚴重火災。

· 西元 1667 年，英國人 Nicholas Barbor 開設第一家火災保險商行，開創現代保險業務的經營方式。

· 西元 1762 年，英國創立公平人保險公司，近代人身保險制度形成。

· 西元 1805 年，中國出現第一家保險公司 —— 「廣東

保險會社」。

- · 西元 1858 年，英國出現鍋爐保險，開啟工程保險序幕。
- · 西元 1875 年，清政府保險招商局在上海成立，開華人地區保險業先河。
- · 西元 1880 年，現代責任保險開始形成。
- · 西元 1888 年，美國簽發了第一張汽車保險單。

專家建議：明白保險是一種理財方式

保險是一種無形的商品，是保險公司對我們的一種承諾和服務，也是一種理財方式。在你購買保險時，是在購買安全、健康，同時也是在購買財富。因為當危難降臨，你不會因為籌集錢款而慌張，不會讓你在頃刻間人財兩空，相反，它帶給你的是一份責任，一份安全，一種希望。

錢少時更需投資

在談到投資理財時，有些人就會嘆息：「理財？錢都沒多少，拿什麼理啊？」

難道理財真的只是有錢人的事嗎？

其實不然。投資是一個用錢生錢的過程，如果本金雄厚，

自然可以更自由地選擇各種投資工具。但如果選對了投資工具，小額資金也能辦大事。

正如英雄莫問出處一樣，理財也是一樣。任何一個富翁都是從一點一滴累積起來，運用自己的聰明頭腦，經由自己的努力，累積成今天的成績。最典型的例子莫過於「基金聖手」彼得·林區（Peter Lynch），假如投資者幸運地在 1978 年花一萬美元買進了彼得·林區操盤的「麥哲倫基金（Magellan Fund）」，那麼在 1990 年彼得·林區退休時，你就可以坐擁 700 萬美元。

不可否認，當今資訊萬變的市場會有很多偶然，沒有人可以保證幾年後你手中的資產到底價格幾何，也不能保證何時投資的收益最高。但是，你必須對自己有信心，對投資有正確的信念和堅持，不能因為本金少就忽略投資。另外，要充分了解自己的風險承受能力，選擇適合自己的金融工具，聚少成多，及早開始，以便充分利用時間複利效果，不久後你就會收穫多多。

下面，我們一起來看一個案例。

佳佳剛工作半年，目前在一家外商公司工作，月薪新臺幣 30,000 元，年終還有 50,000 元的任務完成獎金。每月生活開銷在 7,000 ～ 10,000 元左右，手上有 75,000 元靠額外打工得來的存款。她打算近兩年買一輛經濟型小車，準備結婚，雖然住

第四章　投資理財，讓錢生錢

在父母提供的房子裡，但需要裝潢，婚禮也得花錢。因此，佳佳希望理財專家能為她設計一個全方位的理財規劃，越全面越好，幫助她理財，實現目標。

定期定額投資基金就非常適於像佳佳這樣手中閒錢不多的投資者。定期定額既可以平均成本，又具有長期投資的時間複利效果，投資者可藉由簽署相關協議，每月從投資者銀行存款帳戶中撥出固定金額（通常只要新臺幣 3,000 元），在約定時間自動將其轉化為基金份額。同時定期定額又是一種非常便捷的理財方式。

不要一開始就貪大求全。當你瞄準某個項目時最好適量介入，以較少的投資來了解認識市場，等到自認為確有把握時，再大量投入，放手一搏。不要嫌投入太少利潤菲薄，要知道，「船小好調頭」，即使出現失誤，也有挽回的機會。

不要輕信暴利投資的利潤率，一般理財投資產品會處於一個上下波動但相對穩定的水準。投資項目利潤有高有低，但不會高得離譜。凡鼓吹暴利者，必有欺詐，謹防上當。

將目前的 75,000 元存款從銀行裡取出來，做基金投資。如果股票好的話，可以做股票型基金。佳佳目前手中的存款是他全部的積蓄，不太適宜做風險性投資。因此，投資基金是最穩妥的。

購買汽車時，最好採取貸款的辦法，一來不會讓自己承受

太多的經濟壓力，二來可以將餘下的錢做其他投資，增加收益。不過，購買汽車時，一定要記得加上車險。

專家建議：理財不在於錢多錢少

不少人認為理財是那些閒錢多的人的事，而錢少存銀行有點利息就行了。可恰恰相反，當可支配的資金越少時，就越是需要你把它運用好，使小錢變大錢，實現穩健增值，更能提高自己的財商，從中的獲益遠高於金錢本身的增加。

夫妻投資理財的錯誤做法

在家庭投資理財時，夫妻雙方會經常因為缺乏經驗和年輕氣盛對事情斷然處之，由於每種投資方式都具有其自身的顯著特點，而每個家庭的各自情況又有所不同，這就使得夫妻在選擇投資組合方式的時候變得十分困難。因此，在選擇投資方式時，小夫妻們應綜合考慮多種因素，謹慎地做出投資決策，避免投資經驗的缺乏出現錯誤的做法。

一般來說，夫妻理財錯誤的做法主要展現在以下幾方面。

忽視家庭實際情況

家庭投理財首先要考慮家庭的資金實力，而許多年輕夫妻

卻很少考慮到這一點，僅憑自己的意氣用事不惜借款也要盲目地進行投資，這樣只會把家庭置於危險的境界。如果夫妻手裡只有數萬元的資金，那麼就只能選擇一些投資少，收益穩定的投資方式，像是儲蓄、債券等；而如果夫妻手中的資金比較寬裕，則可以考慮去選擇類似購置房地產這樣風險性相對較大的投資方式，但無論怎樣做，夫妻雙方都要謹慎一點，實際考慮家庭的投資承受能力。

違背經濟投資規律

在投資理財中，夫妻還定要善於把握經濟發展的週期性規律，這一點往往被忽視。現實中，有許多夫妻對經濟規律了解的較少，像是，在經濟呈上升勢頭的時期投資，各種商品的價格都有不同程度的上揚，銀行存款的利率也會向上浮動；而當經濟低迷時，通貨緊縮，物價、匯價、房價和存貸款利率也會相應下降，而經濟的發展就是這樣呈現出週期性變化。而夫妻如果不了解這一規律，就無法使自己的投資週期與經濟發展週期相一致，也就難以實現家庭投資收益的最大化。

支出大於收入

現代社會雙薪家庭數目也與日俱增，家庭收入也在不斷地增加之中，這就使現代家庭的小夫妻可以支配的家庭收入增

多。但是，隨著可支配收入的增多，夫妻對物質的需求欲望也逐漸高漲，消費誘惑無時無刻不存在著，因而家庭支出逐漸增多，甚至過度消費的情形在現代家庭中也普遍地存在，因此，想要存錢的困難不但沒有減小，反而增大了。

多種投資方式帶來高風險

隨著投資理財方式越來越向多樣化發展，像股票、基金、債券、保險等，各種投資方式的報酬率也比儲蓄要高，但是在這些高報酬的背後隱藏著卻是「風險」這顆炮彈。夫妻們若沒有具備專業知識與敏銳的投資眼光是很難駕馭這些新興的投資方式的，一朝走錯，可能導致滿盤皆輸。

脫離家庭與工作而單純地投資

家庭投資理財要根據小夫妻的實際情況，充分發揮自身的優勢，千萬不要脫離家庭工作與生活的情況下實施單純投資。像是，夫妻具備文物鑑賞的知識和興趣，那麼就可以把投資用於收藏。再像是，夫妻都在電腦公司上班，很顯然兩個人的工作壓力都很大，並沒有太多的休閒時間，那麼這樣的夫妻就不宜投身於股市。相反，如果夫妻具有一定的股票知識，且資訊較靈通，又有足夠的業餘時間，就可以選擇投資股票。在投資行為裡，貨幣的時間價值同樣是不可忽視的一個因素。所謂貨

第四章　投資理財，讓錢生錢

幣的時間價值是指貨幣在不同的時間段內具有不同的價值。一般說來貨幣價值是隨著時間的推移而逐漸升值的，因此，夫妻應該意識到盡可能地減少資金的閒置，能今天存入銀行的資金就不要等到明天，能當月進行的投資就不要拖延至下個月。

貸款利息驚人

如今，提前消費的觀念正在逐漸深入人心，各種新鮮誘人的商品總有辦法讓你你乖乖掏錢，這就造成了許多人習慣先消費後付款甚至借錢消費。而同時利息負擔便成為家庭資產累積的絆腳石。特別是那些借款投資的家庭，一旦投資受損，高昂的利息可能讓夫妻終身負債。

忽視長期效益

由於各個家庭的實際情況千差萬別，在投資理財上，夫妻應該本著立足當前，注重長遠的投資策略，這樣的投資不僅僅局限在短期的金錢收益上，應考慮把重點放在智力投資上，用於讀書深造、學習技術上，為的是將來的升值加薪，為家庭帶來更多的收入，一次投入，終身受益。

家庭理財最終表現在財富累積，家庭理財是夫妻雙方共同智慧經營的結果。在關係到理財上，夫妻要保留自己的意見，尊重對方的意見，相互支持，相互鼓勵，繞過理財地雷，聰明

選擇，明智理財，將家庭財富昇華到另一個階層。

專家建議：夫妻理財寶典

家庭理財不能一步登天，磨刀不誤砍柴工，夫妻在投資家庭理財之前，首先要統一觀念，明訂原則，對可能出現的地雷有所防範，這樣才能順利進行家庭理財活動。

153

第四章　投資理財，讓錢生錢

第五章

學好日常生活這套「理財經」

　　任何一個家庭都離不開「柴米油鹽醬醋茶」這七件事俗事，你可別小看這些瑣碎的生活雜事，處理好它你將收穫不少。「節流」是每一個人在理財過程中必須重視的第一原則，如果不懂得節省，無論你賺多少錢，都只能成為過路財神。所以，如果你能從生活的細節開始注意，養成良好的消費習慣，理財就是一件很容易的事。

如何買得更聰明

「我能賺會花，每個月的薪水幾乎一大半都被我用在買衣服上，有時自己也覺得過分！幾乎每兩週我都會花上整整一天來購物。我喜歡像一個真正的時尚內行一樣，知道如何把新款和舊款『混搭』出最酷的感覺。」

「除了牛仔褲，我還不知道自己到底喜歡怎麼樣的衣服！我總是模仿別人的，人家怎麼搭配我就跟著怎麼穿。 像是我曾經看到一個時髦女孩穿的羊皮夾克很帥，就去買了件一模一樣的，我不會問問自己是否真喜歡那件夾克，或者是否是那個女孩把夾克穿得那麼帥……」

「我對鞋子有著特殊的癖好，特別是收藏各式各樣的高跟鞋！這就是我的寶貝：擁有並欣賞它們的美麗是我最大的樂趣。」

「對這樣的場景我已經見多不怪了：打開衣櫥，隨即陷入深深的恐懼，因為完全沒有一件能穿的衣服！好像所有的衣服都過時了，穿什麼都不好看，越看越覺得醜。」

類似的情形還有很多，人們大多憑藉自己的喜好購買物品，而不關心價格、品質、效果以及實際意義，最後只能滿足了商家的欲望，乾癟了自己的錢包。如何購物？如何買到自己

心儀的物品？如何買得更聰明？是大家要學習的課程。

一、購物之前作好計畫

一提到上街購物，很多消費者異常興奮，身上帶了很多錢，下定決心不把錢花光不回家。結果，一回到家，試穿一下，發現很多衣物根本穿不了，造成了浪費。因此，專家建議去購物前先將要採購的物品一一列出，大概算一下要用多少錢，帶夠買計畫物品的錢即可，或是再多帶一點點，這樣也就沒辦法見什麼買什麼了。

二、集中市場比價

貨比三家可是基本的常識喲！店家之間也會有比價的習慣，若比同行稍微貴了些，就會少了很多生意。因為資訊的流通，很多類似的商店開在一起，為了搶到生意，通常就會把價格降低，這時你就可以撿便宜啦！

三、合夥購買

單買一個商品不如讓商品的量夠多，合夥購買的價格可以下降很多，所以，不妨和朋友，或是鄰居等等一起合夥購買，可以得到比較好的折扣！如果老闆不肯降價，也沒有退讓的意思，那就算了，可以到別家試試，獲取合理的價格。

四、打折商品要三思而行

商場、超市裡面經常有大幅的海報提醒顧客，現在正有促銷、優惠等特價銷售活動，有時還在原價上打個 X，讓人覺得買了折扣商品就好像賺到了差價似的。其實打折減價都是商品促銷的一種手段。尤其是食品，都有其特定的保存期限。有些超市減價的食品大都快過期，如果貪圖便宜過多購買，吃不完就有變質的危險。

五、掌握必要的殺價技巧

殺價其實是一場價格談判，充分準備就可以省下許多錢，需求越清楚，資訊越充分，越能在價格的談判上取得優勢。有些商家十分聰明，當他發現不太有利時，會轉而介紹給您另一種商品，一旦您動心了，就只好任商家開價，所以，堅持所要買的東西，商家也許就少賺些而售出商品。

六、可以考慮選擇二手物品

看中心儀的物品後，如果價錢實在難以接受，你還可以選擇二手貨，不但便宜很多，有些舊的東西甚至比新的更加耐用呢！所以，想一想，如果只為「新」，價格卻划不來，那麼，不如選擇二手貨吧！

七、盡量少去超市

有的人一到超市就控制不住自己，要買上許多東西。如果這樣的話那就減少去超市的次數吧。平時把需要購買的家庭必需品及時記下來，然後集中一次購買。逛超市次數少了，流出去的鈔票也就少了。

八、網路購物省錢、省時間

隨著資訊時代的來臨，網路已經深入到大家的生活之中，若要比價，只要在電腦搜尋相關產品來比較，也能夠避免遭店員使白眼，也免去了尋找物品的勞累奔波等，同樣能享受打折、優惠等待遇。如果你的外語程度不錯，還可利用網路跨越國界，在其他國家買到更便宜的商品呢！需要提醒的是，網路上的交易還是要多小心，除了自己的隱私不要曝光外，像身分證號或是信用卡的卡號也要保證不能輕易被別人知道，以保護自己。

附：測試你的花錢態度

項目	內容	得分
1	當我與人共餐結帳時，我會自己算清楚我該付的部分，不想讓別人付款。	

2	我喜歡需要什麼就去買什麼,不喜歡花時間在市場裡面討價還價。	
3	去聚餐時,我會挑最便宜的食物和飲料。	
4	如果朋友要我開車送他們去哪裡,我認為他們付油錢才公平。	
5	買電視機之類的東西時,我會先找大一點的經銷商,讓銷售人員告訴我每個品牌的優缺點,然後去售價便宜一點的小店,挑選我所看中的。	
6	我認為,有些人拚命存錢,捨不得買需要的東西,真是太委屈自己了。	
7	內衣褲和襪子有破洞了,我還會穿很長一段時間。	
8	好好利用優惠券或季節性折價,確實可以在消費時發生效用。	
9	我常想和朋友通電話,但我希望他們打給我,免得增加電話費的負擔。	
10	既然在電視上可以看到很多節目,實在沒有必要去看電影或錄影帶 DVD。	
11	當我坐計程車到達目的地時,發現距離並不遠,會覺得自己很虧。	
12	即使我有錢,我也會等到最後一分鐘才付清各種帳單(如水電、電話費)。	

13	我相信錢本來就是用於花的。	
14	如果我比平常進帳更多，我經常會很快把它花掉。	
15	只有特殊場合我才穿貴重的衣服。	
16	我覺得結婚的最好理由是可以節省兩個人的花費。	
17	如果朋友有我每隔一段時間就需要用的東西，而且願意借給我，我就不必去買了。	
18	如果到昂貴餐廳吃飯的唯一理由是為了取悅共餐的人，寧可省錢找一家便宜的餐廳。	
19	如果有可能，我喜歡買頭等艙機票旅行，這樣可以舒服些。	
20	花錢是一件讓我不開心的事。	
21	吃飯時，即使我比其他人有錢，我也希望他們替我結帳。	
22	買些時髦的東西，不管是給自己或者給別人，都是一件很過癮的事。	
23	我覺得上班吃便當比在餐廳浪費錢要好得多。	
24	我從不參加（慈善）捐款活動。	
25	錢賺得越多，我越覺得該好好保護，免得落入他人之手。	

評分：

請你仔細閱讀，然後在後面的欄位中選擇恰當的答案。

（5）完全不像我。

（4）不太像我。

（3）有點像。

（2）很像我。

（1）完全像我。

除第 2、6、13、14、19、22 題反向計分外，其餘都是正向計分。正向計分 5 代表 5 分，4 是 4 分，3 是 3 分，2 是 2 分，1 是 1 分。反向計分則是：5 代表 1 分，4 代表 2 分，3 代表 3 分，2 代表 4 分，1 代表 5 分。全部答完後，替自己算算分數，求出總分。

得分在 25 至 47 分，很低。

得分在 48 至 57 分，低。

得分在 58 至 72 分，中等。

得分在 73 至 86 分，高。

得分在 87 分以上，很高。

以下是得分不同的分組與個性之間的關係。

得分很低者：這種人的缺點是追求立即的報酬，沒有耐心去等投資變成利潤。極端揮霍的人一般肯冒險，也愛尋找刺激。有時候他們會把成功所需的創造力和空想混在一起。

得分低者：這種人會設定目標，並且願意投資去實現。願意承擔風險，並且願意花錢。成功的人若得分處於這一組內，

會比其他各組收入高，同時也具有創造力及外向的人格。

得分中等者：對錢有理性的觀點，需要時就花，沒必要時就存起來，只要你能正確判斷有沒有必要花錢，就應該可以把錢處理得很好。

得分高者：認為錢太重要了，不可浪費或冒險。如果你的得分處於這一組，可能會認為這是對待錢的理性態度，不過你該問問自己，把錢看得那麼緊，你會失去什麼？當然，並不是每個人都該是花錢爽快的人，不過，除非你放鬆掌控過緊的錢，否則你無法像自己希望的那麼成功。

得分很高者：心裡該有個底，守財不一定會給家人留下多少值得感謝的東西，如果又是十足的小氣，他們甚至不會想念你。得分處於此組者，算是不具備成功的特質。如果你希望自己更接近成功，但需要極大的毅力和勇氣來改變自己。

專家建議：聰明消費並不是降低生活標準

聰明消費不是降低生活標準，是指把錢花在該花的地方，用適當的錢買到價值相等的物品，而不是憑藉一時心血來潮無目的消費，不僅浪費資源，也浪費金錢。相反，如果你能學會買得聰明，你和你的家庭將享受優質生活，提升生活品質。

旅遊省錢有妙招

　　旅遊是一個讓人輕鬆的休閒活動，受到大多數人的熱烈歡迎。但有的人出遊者由於缺乏經驗，往往不得要領，結果弄得既多花了錢，又不開心。其實，只要你精心計算，也可以節約不少錢。下面，讓我來告訴怎麼旅遊才能省錢。

一、避開旅遊旺季，選擇淡季出遊

　　在旅遊旺季，外出旅遊的人較多，而且人們都喜歡到知名景點去，從而使得這些旅遊景點的旅遊資源和各類服務因供不應求而價格上漲，特別在假日期間，情況更甚。如果這時到這些地方去旅遊，無疑要增加很多費用。而有意識地避開旅遊高峰期，選擇淡季旅遊，不僅車好坐，遊人少，而且一些旅館在住宿上都有打折優惠，淡季旅遊比旺季旅遊的費用起碼節約30％。

　　另外，如果你能避開熱門景點的遊客高峰期，到相對較冷門，特別是那些新的旅遊景點去旅遊，也能省下不少經費。

二、在景點要適當的以步代車

　　遊覽自然景點當然需要你的閒庭信步，只有有所努力才能體會到景觀的境界和內涵。然而，隨著現代化旅遊業的發展，

旅遊已經在很多地方都變成了「坐遊」，因為景點會提供觀光巴士或纜車。這樣做不僅花錢，而且容易走馬看花，失去旅遊的真正意義。如果條件允許，最好還是選擇步行欣賞風景，這樣既可以直接的融入環境，又能節省一筆不小的交通費用。

三、盡量在景點外安排食宿

一般來說，觀光區的食宿價格往往高於外面，甚至比外面高出幾倍，因此，在出遊前就要做好準備，打聽一下要去地點是否有熟人介紹可住地方，可以拿到便宜的價格，安全性也好；在選擇旅館時，要盡可能避免入住火車站、公車站旁邊繁華地域的旅館。像是在到達景點前的幾公里，你可以提前找一個住處，然後選擇當地有特色的小吃用餐。累一點多帶一瓶礦泉水也能在旅遊過程中節約好幾塊錢。如果不得不在景點內用餐，你也可以自帶一些簡易食品，可以免去很多不必要的花費。

四、盡量不要在景點購物。

旅遊景點的物價一般都較高，無論是購旅遊紀念品還是食物、飲料以及當地的特產和名牌產品，都比市區來得貴，如果另外花上一點時間跑跑市場、逛夜市，都能購買到你所需要的物品。如此，既可買到價廉物美的商品，又能看到不同地方的「市景」。需要注意的是不要買貴重東西，一些旅遊區出售的貴

重物品常有假冒偽劣現象，如果買了這些物品回來，即使發現了問題，也因為路遠而無法去理論。

總之，旅遊省錢的妙招還很多，只要你肯花點精力，多動腦筋，合理安排，也會讓囊中羞澀的旅程充滿無限的樂趣。那麼，趁著春暖花開，帶著全家一起去旅遊吧！

附：三千美金周遊世界

留學英國的青年朱兆瑞開始了他歷時 77 天的環球之旅。他將所學的 MBA 理論充分運用到實戰中，創造了僅用 3,305.27 美金就遊歷全世界 28 個國家和地區的奇蹟。下面，摘錄了其中一些方法供大家參考。

順路旅遊法：去文明古國埃及時，從倫敦有直非開羅的飛機，但我卻選擇了轉機，不僅轉機的機票便宜，而且我選擇的是法國航空公司的班機，可以在巴黎免費停留 72 個小時。充分利用這些時間，我把巴黎遊了個遍。

免費諮詢法：當地旅行社在當地的機場、火車站都會有許多免費的諮詢，是你了解當地吃住行的好幫手。即使沒有找到，花點錢買份當地的報紙也行。我在拉斯維加斯之所以能住進倒貼錢的五星級旅館，就是從一份報紙上得知一個豪華旅行社三天兩夜遊拉斯維加斯僅 70 美元，並且還有買二送二的優惠。可見，在當地找旅行社或交通工具都會比較划算。

　　時間成本法：提前預定機票，你可能拿到三折甚至一折的機票；黃昏時再去找房間，就有討價還價的空間；淡季出遊，不僅人少，在交通費和住宿費上都可以節約，週一至週四的飛機比週末便宜。

　　會員優惠法：成為某些航空公司或旅館的會員會有意想不到的驚喜。像是前往冰島，只能乘坐冰航的飛機。歐洲各大旅行社的報價都高達到三百多英鎊，比去紐約還貴。而在冰航的主頁，註冊成其會員，以會員身分可購買到優惠的機票。

專家建議：輕車熟路方便多

對於家庭出遊來說，如果能事先了解一下當地的風土人情或者在旅遊當地有一個熟悉的朋友，顯而易見就能在旅途中為家人帶來更多的情趣，省去了雇導遊的開銷，也減少了被「敲竹槓」的可能性，還給家人增加了安全感。

家用電器省電祕訣

　　現在，幾乎每個家庭都有像電視機、電冰箱等家電。家用電器是家庭生活的好幫手，幫我們省時、省力，給我們帶來便利。不過，家用電器的增加也讓電費暴漲。

　　你知道在使用家用電器的過程中如何省電嗎？舉一個簡單

的例子，家用電器用完後不拔插頭，機器仍在待機或預，耗電雖然只占開機功率的 10％ 左右，約 5 ～ 15 瓦不等，但是一般家庭擁有電器的待機能耗加在一起，相當於開一盞 30 ～ 50 瓦的燈。而個人家庭的家電待機一年下來大概要多走 60 度！

　　下面，給大家一一介紹各種家用電器省電的祕訣。

電視機

　　電視機省錢最為簡便，適度調節亮度和音量，就可以省電。電視在最亮和最暗時耗電功率相差 60 瓦（約總功率的 50％ ～ 60％），而且音量越大，耗電越大。另外，看完電視後要及關機或拔下電源插頭，因為如果你用遙控器關閉電視後，電視機還有 6 ～ 8 瓦的待機耗能。

電冰箱

　　電冰箱應擺放在環境溫度低、而且通風條件良好的地方，要遠離熱源，避免陽光直射，並且擺放時電冰箱的頂部、左右兩側以及背部都要留有適當的空間，以利散熱。電冰箱內的食物要適量存放，留有空氣對流空隙；不宜將熱食品放進冰箱內，蔬菜、水果等水分較多的食物應洗淨瀝幹後放入冰箱，防止溫度急劇上升和蒸發器表面結霜增厚，可縮短除霜時間，節約電能；準備食用的冷凍食物可提前在冷藏室裡融化，還能降低冷

藏室溫度。盡量減少電冰箱的開門次數和時間；定期除霜和清除冷凝器表面積灰，保證電冰箱吸熱和散熱性能，縮短壓縮機工作時間。調節溫控器是冰箱省電的關鍵，夏季一般應將其調到最高處，以免冰箱頻繁啟動，增加耗電。

冷氣

冷氣製冷時，不要設置過低溫度，若把室溫調到 26℃～27℃，其冷負荷可減少 8% 以上。如果房間裡開著冷氣，不要頻繁開門，以減少熱氣滲入。另外，冷氣要經常清洗過濾網，因為太多的灰塵會塞住網孔，使冷氣加倍費力。

洗衣機

洗衣機的耗電量取決於使用時間的長短，所以應根據衣物的種類和髒汙的程度確定洗衣時間。詳細標準如下：

衣服種類	洗滌時間
合成纖維和毛絲織物	3 至 4 分鐘
棉麻織物	6 至 8 分鐘
極髒的衣物	10 至 12 分鐘

同樣的洗滌週期，「弱洗」比「強洗」的洗衣槽換向次數多，電機會反覆啟動，而電機啟動電流是額定電流的五至七倍，因此「弱洗」反而費電，「強洗」還可延長電機壽命。此外，應該

盡量存夠足量待洗衣物時再使用洗衣機。半自動洗衣機盡量將衣物上的肥皂水或洗衣粉泡沫擰於後再進行漂洗，減少漂洗次數。脫水時間不要太久，因為衣物在轉速每分鐘 1,680 轉的情況下，脫水一分鐘，脫水率就達到 55%，洗衣後脫水兩分鐘就可以了。

微波爐

微波爐的用電量主要取決於加熱食品的多少和乾溼程度。使用時，應該根據烹調食物的類別和數量選擇微波爐的火力，冷藏食物宜先解凍後再進行烹調。

電鍋

給電鍋「披」毛巾省電的辦法，要看家裡的電鍋類型，新型有膠圈密封式的電鍋就是採用了「毛巾省電法」發明的，上面只有一個小排氣孔，不必用毛巾了。做飯時要充分利用電鍋的餘熱，當米湯沸騰後，提前將按鍵抬起，斷電 7 ～ 8 分鐘，利用電熱盤的餘熱將米湯蒸乾，這樣可以大大節約用電。電烤箱也是同樣的道理，在用電烤箱烤花生米時，可提前斷電 5 ～ 6 分鐘再取出。

> **專家建議：省電關鍵在於養成良好的習慣**
>
> 省電就是省錢，巧用家用電器，注意節約用電，養成良好的生活習慣，像是隨手關燈，隨手關閉電源，出發前十分鐘關閉冷氣等，會在不知不覺中給你帶來一筆意想不到的「小財富」。

生活省水小訣竅

　　水和空氣一樣，都是我們生命之源。隨著工業的進步、社會的發展，地球上可以利用的淡水資源越來越少了。因此，水是現今最寶貴的資源之一。目前，世界上很多國家都提倡節約用水。以色列抽水馬桶上有一大一小兩個按鈕，分別用於大小便後沖水，沖水量相差一半。有關研究表明，家庭生活用水的一半左右是從抽水馬桶流走的。因此，以色列從抽水馬桶開始著手實施節約用水措施絕不是小題大做。

　　節約用水，不僅是全人類發展的計畫，也能是家庭理財計畫的一部分。下面，給大家一一介紹節約用水的小訣竅。

洗菜水、洗米水要充分利用

　　除洗澡水之外，還可以用洗菜、洗米的水澆花、沖馬桶。

一般家庭可將洗手、洗菜、洗衣的水用水桶或容器盛接起來，再供作擦地板、洗車之用。而在烹調過程中，燙完青菜沸騰的水也可拿來清洗油膩的碗筷，不僅能減少洗潔精的用量，它去除油膩的功效也很好。總之，再次處理用過的水，是最直接也是最經濟的節省方法。

抽水馬桶用水方法

有條件的家庭應更換省水型衛生器具，對現有在用的非省水型抽水馬桶，可嘗試採用水箱內放置一塊磚頭、一個鹽水瓶或一個裝滿水的瓶子等方式來減少沖洗水量。

如果抽水馬桶漏水，常見原因是由於封蓋洩水口的半球形橡膠蓋較輕，水箱洩水後因重力不夠，落下時不夠嚴密而漏水，往往需反覆多次才能蓋嚴。解決的方法是在連接橡膠蓋的連桿上捆綁少許重物，如大螺帽等，注意捆綁物要盡量靠近橡膠蓋，這樣橡膠蓋就比較容易蓋嚴洩水口，漏水問題就解決了。

巧用洗澡水

洗澡時，盡量改泡澡為淋浴，並將淋浴時間縮短，以節約用水，並使用可調省水流大小的水龍頭。如果採用泡澡方式，剩下的洗澡水，可盛裝在水桶裡，用來沖洗馬桶或澆花。

洗衣用水訣竅

在清洗前對衣物先進行浸泡，可以減少漂洗次數，減少漂洗耗水。若要將衣物洗得更乾淨些，在浸泡衣物的同時，先將最髒的地方手洗一下，再進行洗滌漂洗，將既節約用電，又節約用水。洗衣服時，洗衣粉的投放量即洗衣機在恰當水位時水中含洗衣粉的濃度應掌握好，這是漂洗過程的關鍵，也是省水、省電的關鍵。按用量計算，最佳的洗滌濃度為 0.1％至 0.3％，這樣濃度的溶液表面活性最大，去汙效果較佳。過多配放洗衣粉，勢必增加漂洗難度和次數。洗衣機洗少量衣服時，水位定得太高，衣服在高水位互相之間缺少摩擦，反而洗不乾淨，還浪費水。因此，洗衣時要根據衣服的多少調省水位。

節約用水，全民行動。讓每一桶水、每一杯水、每一滴水的價值發揮最大的效益。

專家建議：節約用水重在細節

家庭用水要盡量做到串聯使用，一水多用，切勿長時間開水龍頭洗手、洗衣或洗菜。洗滌蔬菜水果時應控制水龍頭流量，改長流水沖洗為間斷沖洗。及時修理滴漏的水龍頭和其他用水器具，滴漏的水龍頭每天可耗水 70 公升。如果水壓較高，居民不妨採用調整自來水閥門的辦法來控制水壓，這樣便可節約相當的水量。

從燒開水到節能

滿滿一壺水，怎麼燒才能節省、省錢？

當你看到這個問題時不禁會發笑，燒開水這麼簡單的事情還值得研究。如果你這麼想就錯了，這雖然是一件最普通的家務事，但是如何以最小的代價燒開一壺水卻是一個學問。

下面有三種方案，聰明的你該如何選擇？

假定一壺水有 5 公升，冷水的溫度是 20℃，要燒開它必須要 400 大卡的熱量。

方案 1：用石油液化氣燒：瓦斯灶的熱效率為 55%，所以要燒開 5 公升的水實際需要消耗 728 大卡的熱量，相當於 0.072 公斤石油液化氣，按現行石油液化氣價格每公斤 33.5 元計算，需要 2.34 元。

方案 2：用電水壺燒：電水壺的效率是 75%，所以要燒開 5 公斤的水實際需要消耗 533 大卡的熱量，相當於 0.62kWh，按現行的電價 1.63 元計算，需要 1.01 元。

從上面的幾個方案的計算與比較，你一定已經明白了什麼叫多快好省。其實，不管是使用液化氣還是用天然氣，只要你掌握了一些節能的方法，就能從中省出不少錢。下面，告訴大家一些有用的方法。

用火時要盡量減少開關次數，降低空氣汙染和對電子零件、爐具開關的磨損。

經常疏通燃燒器具，防止閥門和管道漏氣。

調節好爐具火苗的高度。最佳距離為 2 ～ 3 公分。正常情況下火苗高度分高中低三段，根據使用目的不同分別採用不同高度的火苗，若是燒湯或者燉東西，先用大火燒開，然後關小火，只要保持鍋內的湯滾開而又不溢出來就行了。

灶具要放在避風處。如果有風把火焰吹得搖擺不定，可用薄鐵皮做一個「擋風罩」，這樣能保證火力集中，節約用氣。

注意保持鍋底清潔，用燒的鍋、壺，應先把表面的水漬擦乾再放到灶上去，這樣能使熱能加速傳進鍋內，節約用氣。

專家建議：錢是一點一滴省出來的

任何一筆財富，都是辛辛苦苦一點一點賺來的，也是一分一分省下來的，積少成多，集腋成裘，是亙古不變的真理。像是省水、省電、節油，做好每一個細節都能讓你省錢不少。

高手教你省油錢

汽車與買房子不同，房子一次性開銷後，則可以「安享太平」幾十年，而汽車除了付一大筆購車費外，還要支付一筆數目

可觀的燃油費、維修費、停車費、過路費、保險費等，使不少車主不時地怨嘆「買車容易、養車難」。那麼，有車一族怎樣用車、養車、才能省油呢？

下面，是一位具有二十年駕齡的車友傳授給大家的經驗：

出行前，應選定路線，避免走彎路和易堵塞的道路而浪費燃油。

均速行駛，不要忽快忽慢，盡量保持穩定車速行駛，既可提高燃油的經濟性，也能減輕你的操作強度。

定期檢查方向盤是否調準。車子舊了，方向盤往往會失準，這也會耗油。

短距離和不良天氣盡量不要行車，以免增加油耗或不利安全，注意選擇路面掌握好油門，在凹凸路面上行駛要比平直路面行駛多耗油 20％ 至 30％。有平路應盡量走平路，油門運用應穩，不要猛踩和急鬆，防止動力過剩與不足，上坡時話當運用油門衝刺，下坡時在確保安全的情況下，盡量利用滑行但不得熄火。

起步時，最好緩慢些，急速起步不但傷車，而且還浪費燃料，通常車急速啟動一次油耗在十毫升以上。

不要亂轟油，有些車主在啟動、熄火前有轟一腳空油的習慣。他們認為啟動前轟空油使引擎啟動容易且不易熄滅，熄火前轟空油有利於下一次發動等。其實轟空油是有百害而無一

益，它不僅加劇引擎的磨損和環境的汙染而且每轟一腳油門都要消耗一毫升燃油。

保養好引擎，有問題立刻修養。引擎出現問題會減低引擎的效率，浪費汽油。

倒車時，應選擇好路線，盡量一次性通過，避免多次進退調頭而增加油耗。

行駛中應保持引擎正常的工作溫度，溫度過高或過低都會使油耗增加，磨損力加劇。不要長時間升溫和怠速運轉，汽車啟動後緩慢升溫至 50°C 可以均勻地加速前進，待完全升溫後迅速轉入正常駕駛、怠速運轉的耗油量為每小時 4 公升，一分鐘則耗油 0.07 公升，比重新啟動引擎一次使用的油料還多。

減少無故停車，走走停停，行車前要預先計畫好，充分考慮途中交通堵塞，想辦法盡量避開它，因為走走停停比正常行駛多耗油 50%。行駛中應盡量減少煞車，充分利用引擎和低擋位的牽制作用以達到和煞車一樣的效果。城市交通擁擠，交通號誌多，應懂得交通號誌是參照定的速度定時變換的，為防止每到交通路口遇紅燈要盡量使自己的車速與號誌變換的節奏同步才能避免屢遇紅燈停車。

用黏度低的潤滑油，汽車手冊上應有說明汽車所能用的最低黏度潤滑油。潤滑油黏度越低，引擎就越「省力」，也就越省油。

冷氣盡量少用，車用冷氣對車動力性的影響大都在 10%～15% 之間。當氣溫在 30°C 時打開冷氣，百公里油耗 60 公升的微型車，每升油要少行駛 1,520 公尺；百公里油耗 8 公升的中型轎車每公升油要少行駛 1,100 公尺。所以盡量少用冷氣以減少燃油的消耗，節省開支。

給汽車減壓，車上的物品太重，會增加油耗。通常 10 公斤物品隨車，每一千公里就要額外耗掉 400 毫升燃油，所以，愛車的人們首先給車減壓，沒用的物品趕快清理掉。

專家建議：愛車、懂車才能省油

汽車是一種代步工具，帶給人們極大的便利。不過，汽車本身隱藏著很多奧祕。就拿省油來說，同樣的車型、同樣的公里數，不同的人開車，由於操作不同，耗油量的差別可高達 8%，這與平時的用車保養習慣有很大的關係，也和個人經驗以及用心程度有關。如果你愛車、懂車，就能更好的駕駛，也能幫你省不少油錢。

理性面對打折促銷

春節臨近，雖然是細雨紛飛，可依然澆不滅人們的購物熱情。各大商場打折促銷活動熱火朝天，抓住了這個黃金時段大

賺一筆。禮券、折現金、送禮包,消費者買得不亦樂乎。你喜歡什麼樣的歲末促銷形式?你會趁歲末打折去商場「血拚」嗎?

下面,一起聽聽歲末搶購打折商品的王小姐的親身經歷。

小時候,買新衣服是過年才有的期待。現在衣櫃裡雖然總是滿的,但過年添幾件新衣還是我的個人傳統,現在,商場裡最多的促銷手段就是滿 × 送 ×,送的當然不是現金,而是商場自製的禮券,可以用來買其他東西。買的東西比較多,就可以東拼西湊,最後算下來等於白拿了一件,想想好像很划算。

離過年沒幾天,我準備給自己買一套衣服和一雙鞋,走進店堂看見促銷廣告的時候,心裡的小算盤就劈啪作響,上衣和褲子送的禮券恰好買鞋,一點都不浪費。我還事先看好了一雙皮靴,挑衣服的時候特地找那種價位差不多可以送到一雙鞋錢的。當我喜滋滋地跑去「拿」鞋的時候,才發現那個櫃檯貼著很小的標籤「本櫃不參加活動」,我頓時呆住了。我就喜歡它嘛,竟然不能用券買,那手上的幾千元禮券不是成了廢紙?我越想越覺得生氣,一種受騙的感覺油然而生。

第二天,我又跑去另一家商場買東西,這裡倒不是送禮券,而是消費到了一定數額就可以貼少量的錢換購其他東西。聽售貨員介紹,換購的東西品種很多,柔軟靠墊、毛絨拖鞋都有,我一聽,正想買一個柔軟靠墊給媽媽,我買一件外套,多加六百多元買一個靠墊很划算呀。當我拿著收據興沖沖地找到

服務臺，終於找到換購地點的時候，發現展示的物品已經不多了，自己垂涎的那個靠墊早就被換購光了，我感到失落，錢多花不說，還沒得到自己心儀的物品，真是失望握。

所以，歲末促銷要自己認真分析，千萬別被那些說得比唱得好聽的廣告所蒙蔽。

現在，商場、百貨公司、商店等商業場所總是對促銷情有獨鍾，促銷打折已經成為商場上的「殺手鐧」了。於是不論大小、中西、陰曆陽曆，只要是節日，都會出現打折降價的促銷活動，以此來吸引消費者，增加營業額，最終獲取收益。

然而，有些商家平時銷售的價格比之促銷活動廣告上所謂的原價低許多，這還是真正意義上的促銷嗎？滿地「跳樓價」、「血本價」、「大放血」等驚心動魄的字眼到如今的打折、滿 200 送 80、搶購風潮等看板是在經濟蕭條的徵兆嗎？當然不是，那不過是商家的手段，是溫柔的誘惑，讓你歡天喜地掏出腰包，結果一回家卻大呼上當。

總體來說，商家的促銷都是將缺點隱藏起來，放大自身的優點，主要表現在以下幾個面向：

不如實標示降價（折扣）起迄時間：像是某商場內男裝打六折，沒有標識折扣起迄時間；某大型電器商場針對某品牌液晶電視辦優惠活動，促銷人員口頭說活動到 × 月 × 日結束，但沒有任何文字標識等。

　　聲稱特價（降價、減價）商品概不退換：如有商場海報規定活動期間「退貨需先退贈」、特價鞋售出概不退換等。

　　贈券（卡）使用期限及使用條件苛刻、不合理：贈券使用期限短，贈券消費不設找零等。有的商場中贈券使用期限最短一天，最長一個月；有商場開展「買三百送兩百」贈券活動，每張贈券必須一次消費完，不能找零。

　　不如實標示贈品價格和數量等相關內容：某商場專櫃只在商品旁放一卡片，寫著「贈品」卻未標價，有電器商場贈品旁沒有標示，只有詢問銷售人員才知道是贈品。

　　促銷活動中標示的「原價」高於沒做促銷活動時的「原價」：一個女鞋專櫃，某款女鞋促銷活動時標注原價為 3,990 元，打折銷售，但平時的價格卻為 3,590 元。

　　部分商場在顯眼的位置用大幅標語寫著「買 × 送 ×」活動，並未標明是部分商品，誤導消費者以為是「全場促銷」。

　　誠信的價格能在市場上得到真正的驗證，誠信的行為也是值得尊敬和學習的。但願商家的促銷活動能以真誠的面孔面對消費者，但願每一個消費者都能理性面對消費，清楚自己想買什麼，要買什麼，而不是什麼便宜買什麼。

> **專家建議：理性消費，是要能管住自己的錢包**
>
> 天上從不會掉餡餅，地上也不會冒金磚。沒有任何一個商家
> 會把 100 元買進的商品以 98 元賣給你，即使售價是 101 元
> 也不見得會賣給你。因此，面對促銷打折消息，關鍵是要管
> 住自己的錢包，看你自己到底是否需要這件商品，哪怕只
> 賣 10 元，你也要想是否有用處？因為消費 10 元也是無目
> 的消費。

善用年終獎金

對居家過日子的人而言，年終是令人盼望的日子，因為一年的「紅包」能有多大，馬上就要見分曉。拿了年終獎金金當然高興，但如何花，而且花得合理，確實是一個問題。

規劃安排年終獎金，其實就像理財一樣，最終目標不是抑制消費也不是賺錢，而是藉由合理安排年終獎金幫助你實現各種生活目標。

如果你是三口之家的上班族，年終獎金的用途就多了，過年開銷本來就大，採購年貨、孝敬父母、發壓歲錢、出遊拜訪、請客吃飯……哪一樣不是年底的一大固定支出？好不容易換來一點長假，休閒度假，放鬆一下身心。這時你可以遵循「消

費＋投資＋保障」的思路，在去掉必要開支後，對剩餘資金進行投資和保險規劃。因為要解決的生活目標很多，所以對於三口之家來說，根據實現目標的時間以及風險承受水準進行投資組合就是非常必要的了。像是近期打算進行全家旅遊，遠期要籌備孩子上學的費用，那麼準備旅遊的資金可投資於貨幣基金，籌備上學費用的資金可做「股票型基金＋債券型基金」或「股票型基金＋貨幣理財產品」等組合。

外匯產品、國債等，都可以根據年終獎金的「身家」作選擇性投資。像是剛結婚的王小姐，夫妻二人都是公務員，兩人的月收入總額約在 80,000 元左右，每月總支出約 20,000 元。按照公司慣例，他們都有一份年終「紅包」，加在一起總額約 50,000 元。他們對風險的承受能力屬於中等水準，平時已經買了兩支貨幣基金。對於這種新婚夫妻，沒什麼家庭負擔，可按適當比例購買一些開放式基金，例如一半左右購買偏股型基金，一半左右購買貨幣基金；年終獎金部分，如果有購房計畫，可考慮作為購置房地產的頭期款。

對於背負房貸的家庭，發了年終獎金是否選擇提前還貸，則取決於你要進行的投資組合的收益率是否能超過房貸利率。以目前的市場情況來看，很多基金、的收益都超過了房貸利率，如果你願意承擔一定風險而選擇投資這些產品，則不必急於提前還貸。

如果你家的年終獎金比較充裕，可以把養老的長期目標考慮在內，像是補充商業養老保險、定期定額投資股票型基金等，畢竟保險是越年輕買越便宜，投資是越早開始累積，越能輕鬆實現目標。

年終獎金有多有少，厚薄程度也不一定在意料之中。消費時量力而行，不要一到過年，反而透支了一堆，這樣年終獎金用得毫無理性可言。最好的辦法是根據自己的實際情況，兼顧消費、投資和保障，具體規劃它的去處，讓年終獎金的在合理的地方找到合理的位置。

專家建議：年終獎金要用得恰到好處

對普通上班族家庭來說，年終獎金是一筆很大的收入。因此，如何用好年終獎金，是一個很大的學問，不要隨意揮霍，衝動消費，如果你能用得恰到好處，就能使你的財富成長不少。

貸款購房須謹慎

近年來，隨著城市房價節節高升，貸款購房成為絕大多數買房者的首選方式。但是貸款購房必須謹慎為之，切忌盲目貸款投資或者超出能力範圍貸款，應該主動避免因為忽視風險而

帶來的不必要的損失。

下面，一起來看一個案例。

幾年前，做家具生意的陳先生在自己公司的附近購買了一間房子，並以自己和兒子的名義分別向銀行貸款共計 1,900 萬元，貸款期限十五年，月利率為 4.65‰，每月應該歸還的貸款本息數額高達 15 萬元。陳先生將貸款購買的房子出租，但租金尚不足以償還月供，但眼看著房價一日高過一日，陳先生覺得有了這三套房子在手還貸總是不成問題的。但是到了今年，陳先生的公司因為資金周轉不靈陷入困境，房子每月金額不小的貸款就成了一個負擔。這時，陳先生想把房子賣了變現救急，卻發現房子的開發商的執照是過期的，房屋的產權存在諸多問題，暫時沒辦法交易。這該怎麼辦呢？還不了貸款，幾個月下來逾期還款的利息、罰息和複利就累積到 35 萬元。根據貸款合約，銀行一紙訴狀又將陳先生父子告到了法院，要求解除雙方簽訂的貸款合約，並要求陳先生父子提前償付全部貸款本金餘額和應付的貸款利息、罰息和複利共計 1,440 萬元。屋漏偏逢連夜雨，當初覺得穩賺不賠的購房投資成了給自己的最後一根稻草，陳先生真是後悔莫及，都怪自己當初匆忙決定，沒有調查清楚。

對一般老百姓來說，用一輩子賺來的錢買房子只能算是買賣，還談不上投資，但不管怎麼，在決定買房之前，應該考慮

清楚，慎重選擇，畢竟買房子是一件大事。下面，是一位資深房地產經紀人根據多年的經驗。

一、申請貸款額度要量力而行

在申請個人房屋貸款時，借款人應該對自己目前的經濟實力、還款能力做出正確的判斷，同時對自己未來的收入及支出做出正確的、客觀的預測。一般來說，要從自己的年齡、學歷、所從事的職業的行業前景、工作單位性質等因素分析自己的預期收入趨勢，同時兼顧未來鉅額支出因素後，才可謹慎地確定貸款金額、貸款期限和還款方式，根據自己的收入水準設計還款計畫，並適當留有餘地。如果你單純靠貸款玩房地產投資的遊戲，好比借雞生蛋，在刀尖上跳舞，投資的風險性和銀行貸款的高利率決定了貸款人稍有差池就將面臨支付大筆利息或是房屋被拍賣貶值嚴重的窘境。

二、辦貸款要選擇好貸款銀行

對借款人來說，如果您購買的是現房或中古屋，可以自行選擇貸款銀行。貸款銀行的服務產品越多越細，您將獲得更加靈活多樣的個人金融服務，以及豐富的產品組合。

三、要選定最適合自己的還款方式

個人房屋貸款還款方式主要有兩種：一種是等額還款方式，另一種是本金均攤。借款人若採用等額還款方式，在整個還款期的每個月分，還款額將保持不變（調整利率除外），在還款初期，利息占每月還款總額的大部分。隨著時間的推移，本金逐漸攤還，貸款餘額逐漸減少，由此應還利息不斷降低，還款額中利息的比重將不斷減少，本金比重將不斷增加。而採用本金均攤，其本金在整個還款期內平均分攤，利息則按貸款本金餘額逐日計算，並與本金一起償還，每月還款額在逐漸減少，但償還本金的速度是保持不變的。對於每個借款人來說，在與銀行簽訂借款合約時，要先對兩種還款方式進行了解，確定最適合自己的還款方式，因為還款方式一旦在合約中約定，在整個借款期間就不得更改。

四、資料要真實，資訊要詳細

申請個人房屋商業性貸款，銀行一般要求借款人提供經濟收入證明，對於個人來說，應提供真實的個人職業、職務和近期經濟收入情況證明等詳細資訊。因為如果你的收入沒有達到一定的水準，而你沒有足夠的能力還貸，卻誇大自己的收入水準，很有可能在還貸初期發生違約，並且經銀行調查證實你提供虛假證明，就會降低銀行對你的信任度，從而影響申請貸款。

五、住址要準確，有變動及時告知

　　借款人提供給銀行的地址必須準確，這樣能方便銀行與他聯絡，每月能準時收到銀行寄出的還款通知單。如果你搬入新居，一定要將新的聯絡地址、聯絡方式及時告知貸款銀行。否則，一旦你接不到貸款銀行的有關通知，會造成一些不必要的麻煩。

六、每月要按時還款避免罰息

　　對借款人來說，一旦與銀行簽訂借款合約，就應該在簽約的一個月內，將首期還款足額存入您指定的還款帳戶中，供銀行扣款，因為從貸款發放的次月起，您就進入了還款期，每月應按約定還款日，委託貸款銀行從自己的存款帳戶或信用卡帳戶上自動扣款，對借款人來說，必須在每月約定的還款日前注意自己的還款帳戶上是否有足夠的資金，防止由於自己的疏忽造成違約而被銀行罰息。

七、借款合約和借據要保存好

　　申請貸款貸款，銀行與您簽訂的借款合約和借據都是重要的法律文件，由於借款期限可以長達幾十年，作為借款人，您應該妥善保管您的合約和借據，同時認真閱讀合約的條款，了解自己的權利和義務。

> **專家建議：貸款買房要謹慎**
>
> 購買房屋要量力而行，簽訂購房貸款合約更是要謹慎為之，充分考慮到自己和家人現有的經濟實力和未來可能發生的收入變化，保守總比冒險好。在決定買房之前，特別是中古屋，要清楚房子的來龍去脈，防止違法買賣的情況，以免自己吃上啞巴虧。

巧用「卡」，省錢又賺錢

如今有卡一族越來越多，如果你僅僅把信用卡當做存領錢、代繳費的工具，那簡直太讓小用它們了！其實，從普通的簽帳金融卡到可以「先消費，後還款」的信用卡，都各具特色，若使用得當，不僅可以享受多多便捷，還可以幫您省錢，甚至可以賺錢，實現個人理財的目的。

下面，理財專家教給你一些省錢的技巧。

一、精簡你身邊的卡

持有不同銀行的銀行卡容易造成個人資金分散，需要對帳、換卡和掛失時，更是要奔波於不同的銀行之間，無端浪費大量的時間。因此，手中銀行卡較多的朋友要對不同功能的銀

行卡進行整理，盡量將多張卡的功能進行整合；對於不同銀行間的銀行卡，應根據自己的需要，綜合比較選擇一家用卡環境好、服務優良、收費低廉的金融機構。

二、活用卡「生財」

持卡人刷卡去商場消費時都會有紅利積分，當積分達到一定數額時，可以按規定到銀行領取相應的獎品；同時年末或幾大節日銀行會舉行刷卡抽獎活動，多刷卡就會增加中大獎的機會。

為了鼓勵持卡人刷卡，很多銀行規定刷卡多少次就可以免下年年費，因為消費金額是沒有限制的，可以鑽銀行制度的漏洞，購物買單時可以多刷幾次卡。另外，還有的銀行規定，刷卡幾次以上不但能免年費，還可以回饋給客戶現金獎勵，所以刷卡消費不但能省錢還能賺錢。

三、購買金融產品

利用信用卡或是簽帳金融卡可以買基金、信託產品，你領錢或消費時，銀行系統會自動支取活期存款或損失最小的定期存款，從而使卡裡的資金實現收益最大化。

如果你是利用信用卡的貸款功能定期定額購買基金，可享受先投資後付款及紅利積點的優惠。在基金扣款日刷卡買基

金、到貸記卡結帳日才繳款，持卡人不但可賺取之中的利息，若是遇上基金運好，基金淨值上漲，等於還沒有付出成本就賺到報酬。

但在借錢投資時，忌諱長期投資，如果是一個兩年的投資專案，貸款的利息就會高達 36%，如果這個專案不能帶給你 36%以上的報酬，那將是一個虧本買賣。

四、借信用卡的錢，省你自己的錢

信用卡的最大好處是持卡人在信用額度內透支消費，從信用消費日至銀行規定的到期還款日無需支付消費透支利息，這無形中等於向銀行借了一筆可以隨借隨還的短期無息貸款，還省卻了煩瑣的貸款手續，既方便又實惠。

一般來說，淡季和旺季的價格相差很大，假設冷氣淡季與旺季的價格最大可以相差 20%，而淡季與旺季的時間差只有三至四個月。這樣利用信用卡購物，就可以省錢了。四個月的貸款利息是 6%，而淡季與旺季的價格差為 20%，這樣在淡季貸款買冷氣就等於省了 14%的費用，即使價格差沒有 25%，只要這個差價高於 6%都是省錢的。

值得注意的是，但用信用卡消費後要盡量準時償還透支款，維護自己的信用也遠離卡債。

聰明的理財者要懂得如何利用手中的卡為自己省錢，為自

己賺錢。你明白了嗎？

專家建議：巧用「卡」理財，關鍵在於怎麼用

很多人覺得手中有很多卡是一件很「潮」的事。其實不然，卡並不是越多越好，每申辦一張信用卡銀行都要收取年費，如果你擁有十張卡，想想一年下來光年費就一百多塊錢，更別說跨行領錢、銀行轉帳等其他費用了。因此，巧用「卡」，關鍵在於用得好，用得巧。

重視你的紅利點數

如今，各家銀行紛紛推出一些吸引信用卡客戶的優惠措施，像是辦卡抽獎、送小紀念品等等，當然，最實惠、最吸引人還應該是紅利點數。

持卡人在刷卡消費或存款時，會有紅利點數。紅利累積到一定程度，就可以按照銀行的規定兌換相應的獎品或減免業務手續費以及享受貸款利率優惠待遇。另外，每次積分有獎活動兌換期結束後，所有未兌換積分一般也不再保留。

如果你要想多得紅利，當然是養成刷卡消費的習慣，無論金額大小，一律刷卡買單。到假日或是節日或有重大活動，銀行會推出「雙倍積分」、之類的促銷措施及配套活動，掌握了這

一特點,可以把平時不是十分急需的購物計畫,集中到節、假日一併消費,這時就可以多得積分和獎品。

總之,千萬別忽視了紅利的效果,用好它為你增加不少額外好處。

專家建議:紅利是一個有趣的遊戲

累積紅利是一個十分有趣的過程,就像玩遊戲一樣,關注得多,投入得多,自然就會回饋得越多。透過玩紅利遊戲,讓你領悟更多理財的奧祕。

最節約家庭的省錢絕招

你知道世界上「最節約家庭」在哪裡嗎?沒想到吧,它就在世界上最富有國家之一 —— 美國。

來自美國亞利桑那州 46 歲的史蒂夫是家庭的主要經濟負擔人,妻子安妮特 43 歲,是全職太太,負責在家照顧五個孩子,這個收入平平的七口之家有一套特殊的「省錢策略」,堅信「省下的就是賺的」。現在,一起來了解他們家的理財絕招。

一、耐心等待便宜貨

每次到超市購物,他們都會在購物架前來回尋價,尋找要購買物品的最便宜價格,直到找到最低價才買東西。即使在不

購物的時候，他們也會像獵人追尋獵物一樣，隨時留心各種物品價格的漲落。

二、每個月只購物一次

最好每個月只購物一次，因為逛得多一定會買得多，買得多就花費多。

三、提前預算

如果你不提前做預算，你就很可能從一個財政危機走入另一個財政危機。一旦家中經濟拮据並最終導致負債，那麼接下來整個生活就是一種危機了。

四、購物一定要有計畫

無購物無計畫等於給存款判死刑。因此，他們每個月都要根據家中需要訂定詳細、合理的購物計畫，甚至要提前將每頓飯的花費都設計好，並寫在帳本上。

五、巧妙利用購物優惠

許多商場、超市都會推出買二送一、低價量販包等購物優惠活動。他們經過反覆比較，以最優惠的辦法買下所需要的物品。

六、提前購買節日物品

　　一般來說，每逢重大節日，人們都會蜂擁超市、商場搶購商品，價格也隨之會上漲。因此，他們都會提前購買一些節日所需物品，並儲藏起來。

七、永不花費超過信封內總金額 80％的錢

　　從結婚初期，他們倆夫婦就開始採用「信封體系」理財，即每個月把家中的錢放入一個個不同的信封，分別用於買食物、衣服、汽油、瓦斯、生活用品等，而且永遠不花費超過信封內總金額 80％的錢。這樣，不僅支付了基本開支，還可以省下一筆錢。

　　據了解，史蒂夫全家的收入水準處於美國基本生活水準，但是在精明太太的打理下全家每個月節約下來的錢比她去工作賺的還多。可見，善於理財的家庭會用最少的錢花在最值得的地方，將全家的財務狀況規劃得井井有條。不善於理財的家庭雖然不至於一塌糊塗，但卻經常懷疑為什麼努力工作加薪，家裡的存摺仍然沒有滿意的數目。

專家建議：家庭理財主要是避免消費迷思

目前，社會上大約有 15％的人潛意識裡有一種控制不住的購物欲。他不知道家庭真正需要什麼東西，要達到什麼目的，只是被花錢的瞬間感和自我陶醉所左右，所購買的東西沒有發揮作用；導致家庭承擔風險和應急能力差，加劇家庭矛盾。因此，一個優秀的家庭理財者要時刻提醒自己遠離這些家庭消費地雷。

第六章

買房買車停看聽

　　曾經有這樣一項調查「如果有足夠的錢,你會投資什麼?」結果 72.1%的人選擇了買房,24.2%人選擇了購車。然而,買房買車畢竟是人生中的一件大事,它需要你支付很大一筆費用,因此,在你動用資金購買前,一定要調查清楚。

私家車，很多人都有的夢

　　對於一個普通上班族來說，汽車夢可能很遙遠，但每個人都夢想能夠擁有自己的車。有車的生活，有車的感覺絕對不一樣。試著想想，春暖花開的假期，開著車帶著家人，載著一車的歡聲笑語駛向大自然的懷抱，這是一種怎樣的幸福？35 歲前擁有一部屬於自己的車，是大多數人的夢想。

　　但是，買車並不是一件很簡單的事情，投資購車時要慎重。在買車前應想想為什麼要買車，有什麼用途？如果你僅因為逞一時豪邁氣概而衝動買車，接下來的一系列問題將使你無法招架。理財專家認為購車也是家庭中的一項資產投資。既然是投資，就會涉及到投多少錢才合適的問題。而汽車是消耗型商品，在估算投資金額時應該同時包括購車費用與養車費用。雖然現在的汽車價格確實能夠打動你的心，但對於家底有限的人們來說，不菲的購車價和高額的養車費用並不是憑一時衝動就能承受得起的。

一、如何選車是個重要問題

　　在購買汽車時，如何選擇是一個重要問題。經驗豐富的專家告訴我們以市場占有率高、國際知名度高的品牌來作為選擇對象。因為大品牌公司資金雄厚、技術成熟、產出量大，產品

成本亦隨之降低，同時，售後服務周到，費用低廉等都是市場占有率高、國際上知名度高的汽車品牌公司的優勢。

當然，在考慮購買某品牌的汽車時，車輛的使用成本、維修便利性、折舊率等因素都應該成為購車前考慮的要素。同時不應該忘了，汽車購買後的售後服務對於日後汽車的維護與保養至關重要。

二、等待購車時機，搶購便宜車

對於大多數人來說，價格還是個核心問題。隨著競爭的日趨白熱化，商家整年都在上市新車。當你要買新車時，時間的選擇至關重要。

為了讓家庭負擔變小，要耐心地等待汽車廉價銷售。這個時候通常會在月底、季度底和年底出現。因為這些時候銷售人員要設法完成他們的業績目標。此時，隨著競爭白熱化，降價的風潮也是一波接一波。年底各大汽車廠商都會進行各種促銷和優惠活動，這也是選購的絕好時機。

三、買車容易養車難

有經驗的人都感嘆：買車是簡單的買賣，可是養車簡直就是個系統工程！像是停車問題一直是困擾有車一族的頭痛問題。隨著擁有汽車的家庭越來越多，社區車位、商場、超市前

的停車位供不應求。如果你所居住的社區不太方便停車，那一定要提早打算。

汽車的維修也是許多夫妻在購買汽車時經常忽略的問題。選擇一款性能卓越的汽車，更不能忽略它的維修問題。因為很多時候，汽車維修費用甚至要超出最初的購車費用。除了費用外，維修站的規模與多寡、配件的價格、維修技術人員的技術好壞和工作態度都與汽車息息相關。

買汽車是一個相對遠大的夢想，有車將給工作、生活帶來很多便捷。祝願大家早日實現夢想。

專家建議：買車要從多方面考慮

買車要進行多方面考慮，包括：家庭存款情況、收入能力等。只有這樣，才能夠精準選擇適合家庭經濟能力的汽車價位，並規避那些購車時的價地雷，大大節省購車的時間和精力。

分期付款買車與一次性付款的利弊

如今，汽車已不再是高不可攀的商品，它正在走入尋常百姓家。說起買車，你該一次性付款，還是應該貸款買車呢？

有人說一次性付款好：方便省簡單，一手交錢，一手交貨，當天就可以搞定。既不用整天跑銀行去辦貸款手續，又不用付

給銀行利息。而且買車的錢都存到了。

　　有人說車只會越用越舊，價值在降低。認為買車不是投資，不會增值。應該貸款買車，把省下來的錢拿去投資股票、房地產、基金、黃金等。如果投資得當，說不定貸款沒還完，車錢就能先賺回來了。

　　不過，買車不是一件小事，它意味著鉅額支出，隨後還有不菲的養車費用，因此，對於買車是選擇一次性付款還是分期付款，事先要考慮清楚。下面有一個表格清楚顯示兩者利弊。

	優點	適合族群
一次性付款	方式簡捷，購車步驟簡單，優惠多	資金充裕、無太大房貸壓力的消費者
分期付款	頭期款較少，先消費後買單	需要資金周轉的創業者、無家庭負擔的年輕人、手頭資金不夠充裕的家庭使用者等

　　一次性付款是部分消費者、經銷商乃至廠商都喜歡的交易模式，它只需選車、付款、辦理牌照三步手續即可完成。

　　而分期付款買車需要擔保、房地產證明、婚姻證明等一系列煩瑣的程序，適合信譽良好的消費者。目前，不少廠商提供免息貸款的服務，也有些商家針對這種交易方式推出優惠，提升買氣。

　　如果你選擇分期付款買車，首先要選擇一家有實力、有聲

譽的汽車經銷商。在汽車分期付款業務中，對雙方都存在著一定風險，所以在業務前期，消費者不僅要受經銷商審核，經銷商也會被消費者考評量。由此可見，經銷商若具有一定的經營規模、較長期的銷售經驗，以及較成熟的汽車分期付款業務能力等，將是你的首選。

選擇好經銷商後，接下來就是要選擇一輛既喜歡又適合您的車了。據有關銷售資料顯示：年齡在 30 歲以下，工作時間在五年左右的上班族，購車用途一般作為代步工具；年齡在 30 歲左右的中小型企業經理或經濟小康的家庭，購車主要用於經營或消費；而較昂貴的轎車品牌往往是企業老闆首選的坐駕。

專家建議：選擇何種付款方式要視家庭情況而定

買車，是一筆比較大的支出。因此，在選擇何種付款方式時要視家庭情況而定。選擇適合自己的而不讓你有償還壓力的付款方式，讓你在開著愛車上路時更加愜意。

養車費用要心裡有數

什麼是養車費？

養車費的範圍比較廣，除去購車費用外，其他汽油費，停

車費，維護保養費，修理費等等都包括在內。很多有車一族感嘆「買車容易養車難」。下面，一起跟隨專家來了解如何節省養車費。

一、出門做準備 幫你省油錢

出行前，應選定路線，避免繞遠路、彎路和易堵塞的道路而浪費燃油。短距離和不良天氣盡量不要行車，以免增加油耗或不利安全，注意選擇路面掌握好油門，在凹凸路面上行駛要比平直路面行駛多耗油 20%～ 30%。定速行駛，不要忽快忽慢，盡量保持穩定車速行駛，既可提高燃油的經濟性，也能減輕你的操作強度。行駛中應保持引擎正常的工作溫度，溫度過高或過低都會使油耗增加，磨損力加劇。冷氣盡量少用，車用冷氣對車動力的影響大都在 10%至 15%之間。當氣溫在 30°C 時打開冷氣，百公里油耗 60 公升的微型車，每公升油要少行駛 1,520 公尺；百公里油耗 8 公升的中型轎車每升油要少行駛 1,100 公尺。所以盡量少用冷氣以減少燃油的消耗，節省開支。

二、平時注意保養車

汽車的保養對保護汽車的品質和延長汽車壽命將有很重要的影響。因此，一個愛車的人要定期去檢修保養車子，保證車況良好，行車安全；常查輪胎氣壓是否正常，定期進行輪胎換

第六章　買房買車停看聽

位；檢查調整煞車系統，避免煞車鎖死、跑偏等；保養拆翻零件時要小心注意觀察，不要硬拆；清洗零件要分類，該乾洗的乾洗，該油洗的用油洗，用油別太多，夠用即可。

三、停車的省錢訣竅

停車位置要快速選定，別停靠在交通要道和視野盲區，以防阻塞交通和發生事故。停車後要熄火不要怠速，拉緊手煞車，取下鑰匙，搖起車窗，兩段式開車門後離開。在巷弄裡靠邊停車時，應先觀察一下地形。先看看是否會擋住別的車進出，再看看自己的車停好後是否會被別的車堵住出不來。停在樓下時，不要離陽臺太近，小心人家的花盆或垃圾之類的東西會從天而降。

冬季停車要防凍，夏季停車要防晒，臨時停車要防盜。長期停車應進行必要的封存保養後，蓋上車衣並將車橋頂起，否則當你要用時會支付一大筆保養費。

四、購車配件也省錢

選購汽車配件時，可以約伴一起購買，你可能會獲得比較實惠的價格。如果看上了一款型號符合的配件，要記得殺價，而且要貨比三家。時常留意配件商，會有清倉優惠活動，屆時光顧也許會有額外的收穫。另外，可儲備些配件，條件許可，

可儲備一些耐用件和易損件、如冬季易損件夏季買，夏季易損件冬季買。

專家建議：用好養車訣竅 幫你省錢

常言道：「人吃五穀雜糧，難有不生疾病！」同樣，你的愛車成天東奔西跑，就算是機器也難保不出毛病。車壞了的確給人造成莫大的麻煩，不過當務之急還是得把車修好。當自己把愛車送進了修理廠，聽修車師傅說要換一大堆零件，你肯定又要感嘆賺錢不易、養車艱難了。提早做好準備，就可以還給愛車健康，而且還能省很多錢。

租房、買房，哪個更經濟

不少人有點迷茫：租房、買房，哪個更經濟？

假如有一間 600 萬元的房屋，租相似的房子居住租金每個月 10,000 元，而你有 200 萬元存款，你是選擇買房還是租房？

白領麗人張太太選擇了買房，因為她想擁有一個安定的居所，給孩子一個安靜的學習環境，為老公一個溫暖的家。她頭期款 30%，拿出 180 萬元，加上稅收及簡易裝潢，手頭現金兩百萬元用得差不多了。貸款 420 萬元，選擇三十年還清，那每月要從薪水裡拿出 12,000 元還銀行。三十年後張太太有了一間

房齡已三十年的舊房，手頭原有的 200 萬元沒有了。

　　新婚夫婦郭先生選擇了租房，他手頭 200 萬元不動，跟張太太一樣每月從薪水裡拿出 12,000 元做房租。三十年後，郭先生不擁有任何房地產。但他手頭的 200 萬元存五年定存，利滾利三十年翻存六次，多了一倍的錢。

　　比較他們兩家的財產狀況，你是願意擁有 400 萬元現金？還是擁有一間舊房呢？

　　這要從具體情況來說。如果沒有頭期款當然是買房子了。頭期款越高則是越選租房子了。從利率方面來說，假如一年期利率提高到 6％～ 7％，假設你有 20 萬元在三十年後將翻成 160 萬元。可見利率只要提高，房價必大跌。

　　不過，在傳統觀念裡，每個人都傾向於擁有自己的房子，因為房地產除了居住外，還是一種保障。買房者認為買了房子給人一種實實在在的安全感，推開門，打開燈，照亮的地方，有一個屬於自己的角落，這就是「家」。房子不僅是住宅的概念，更加強調長期的穩定性和家的感覺。

　　因此，對於工作多年、經濟實力雄厚的買家來說，不妨考慮一步到位，購買精華地段的房子、公寓等。舊屋升級願望強的購房者，也可以賣掉舊房買新房，滿足新的置業需求。年輕人沒有多少積蓄，市區的中古屋也是不錯的婚房選擇。

專家建議：哪些人適合租房？

適合租房的人群主要分為三類：一是初入職場的年輕人，特別是剛畢業的大學生，他們經濟能力不強，選擇租房尤其是合租比較划算；二是工作流動性較大的人群，如果在工作尚未穩定的時候買房，一旦工作調動，出現單位與住所距離較遠的情況，就會產生不菲的交通成本支出；三是收入不穩定的人群，如果一味盲目貸款買房，一旦出現難以還貸的情況，房地產甚至有可能被銀行沒收。

買房煩惱知多少

你買房了嗎？你想買房嗎？你知道有關買房的種種煩惱嗎？

對於大多數人來說，買房實在是一生中十分重大的事件，當你拿出幾十年的積蓄，或者咬緊牙關貸款買房的時候，你是否準備好了應對開發商的種種陷阱？當開發商為你描繪的美好藍圖化為泡影；當你買的房子遲遲不能合格；當你房子的交付期限一拖再拖；當你買的房子住進了另外一家人；當你不得不面對服務惡劣的仲介等等，你又將如何應對？

房子是人的根，俗話說「金窩銀窩不如自己的狗窩」，可以

說買房真是人生一大事。在房地產市場中，如何防範欺詐，如何買到自己稱心如意的房子呢？

一、盤算自己有多少購房款

買房肯定要支付相當大一筆開支，在確定購房前要根據自身家庭的積蓄、可以獲得的各類貸款金額，以及可以從親戚朋友處得到的錢財支援，或者其他項資金來源，來估算自己能拿出多少錢。你的實際購房能力就是靠這些資金來源決定。然後根據準備的資金數量，在現有的住宅項目中，選擇適合自己的地段和大小。

二、確定買房的用途

如果你要買房，是用來自住，還是用來投資？對於自住與投資來說，意義並不相同。自住型的房屋，一定要適合自己以及家人的居住需求，生活便利、交通方便成為最先考慮的因素。投資型房地產，最好是繁華地帶，保證能夠租出去，如果長期閒置就不划算了。

三、在哪裡買房

對自住的買房者來講，位置的選擇一定要結合家裡人員的主要需求，上班距離的遠近，孩子上學、老人生活在哪個方位

更方便，一切自己和家裡人的生活習慣為主。而對投資型買房者來講，位置的選擇一定是地段優先，該地區租賃情況看好就行，一切以能否把房子租出去為主。

四、在價位和品質中取捨

買一坪幾萬的還是幾十萬的，是一個重要問題。一棟大樓的均價不是隨意定的，它和大樓所在位置、大樓的設計和構造以及發展前景有關。不同的房子不同的位置，或者相同的位置不同的朝向和樓層，都有不同的價格，因此，如何在價格與品質中取捨是你著重考慮的問題。

五、簽訂購房合約要留心

選定了理想中的房子後，就需要和開發商簽訂購房合約了。不過，在簽訂合約時，一定要留心，因為很多購房合約中存在著許多購房合約不平等，許多條款是沒有選擇的，房屋面積灌水，公設比、建築面積、使用面積等等都需要注意。有些合約中承諾種種問題，但執行起來又很難，往往與現實不符等。

六、管理會也是一個大問題

有的管理公司也存在著問題，像是服務態度差，刪改服務範圍，私自出租公用設施，管理混亂現象多，保全水準不佳。

對住戶的投訴不顧等，都需要注意。

　　對普通老百姓來說，買房畢竟是一個大問題，不能像買衣服、鞋子一樣，什麼漂亮換什麼。因此，留心觀察，多方考察，慎重選擇，才能開心入住。

專家建議：專家教你如何巧選省錢房

看起來買房是一個很煩惱的事，很多事情都要你親力親為，但事實上只要你掌握一些技巧，就可以買到省錢房：一、有的房子因為本身存在缺陷，在價格上會有一定的折扣，但修繕後完全可以正常使用。二、有的房地產開發商在專案正式開盤時，為了營造旺銷的氣氛，保持新房物有所值的美好形象，往往會做好所有配套措施，其優惠的可信度較高。三、你常常會見到一些急於出售的房子。只要你出的價格還算合理，賣方一定會與成交，甚至是虧本成交。四、地理位置優越、價格相對合理的舊房也是值得考慮的對象。

理財專家教你如何提前還貸

　　對於手中有閒錢無處投資的市民而言，可適當選擇提前還款。房地產在臺灣購買難如登天，貸款金額也十分可觀，如果能夠掌握理財訣竅，就能提前償還債款，減輕負擔。

一、選擇合適的貸款方式

　　如果你有提前還貸的打算，那麼在貸款方式的選擇上就要注意。目前還貸方式包括「本金均攤」和「本息均攤」兩種。「本金均攤」每月還款本金保持不變，利息逐漸遞減，期間若選擇提前還貸，歸還的本金多，利息支出相對減少；「本息均攤」每月償還金額相等，在償還初期利息支出最大，本金最少，以後利息支付逐漸減少，本金逐漸增加。因而同樣貸了一段時間後，後者所要支付的利息將高於前者，而在提前還貸時已支付的利息是不退還的。如果你在一開始就想要提前還款，最好選擇前者。

二、縮短貸貸款期限又省錢

　　提前還貸選擇哪種方式還要自己考慮預期的情況，如果貸款者有穩定收入，每月收入均衡，像是公務員類型的，可以選擇每月減少還款金額，還款年限不變；反之，收入不太穩定的，可選擇以每月還款金額不變，但縮短期限的方式來還款。如果單純從節省利息的角度考慮，選擇縮短貸款期限則是一個不錯的選擇，在貸款的前幾年當中，因為本金基數大，利息相應也高。因此，在貸款的前幾年中，爭取能多還款，使總貸款中的本金基數下降，這樣一來償還年限即使還要十幾二十年，但利息負擔卻會變小。

專家建議：有閒錢最好提前還貸款

提前還貸，各人都有自己的方法，不同的方法效果自然也不同。理財專家指出，如果你有閒錢，又不急於投資，最好提前還貸款，一來減少利息的增加，二來減少精神上的壓力。

本金還款與本息還款的不同

目前，個人房屋貸款的還款方式主要有兩種：本息均攤和本金均攤。許多人由於不了解銀行的利息計算原理，誤以為採用本金均攤就可以節省利息，實際上根本不是那樣。

本息均攤是指借款人每月以相等的金額償還貸款本息。本金均攤是指借款人每月等額償還本金，貸款利息逐月遞減。兩種還款方式的區別：本金均攤，在整個還款期內每期還款額中的本金都相同，償還的利息逐月減少；本息合計逐月遞減。這種還款方式前期還款壓力較大，適合收入較高或想提前還款人群。本息均攤每期還款額中的本金都不相同，前期還款金額較少，本息合計每月相等。這種還款方式由於本金歸還速度相對較慢，占用資金時間較長，還款總利息較相同期限的本金均攤高。

總體來說，等額本息和等額本金兩種還款方式各有利弊，

購房者要根據自身條件慎重選擇。但隨著兩種方式被人們所知，似乎又碰到一個地雷，認為等額本金比等額本息一定好。其實本息均攤和本金均攤主要的不同在於每月還款額度不同，如果考慮資金的時間價值，兩種還款方式按折現利率進行折現，其折現值是相同的。

就拿王太太、魏先生來說，假設他們兩人同時申請個人房屋貸款貸款 100 萬元，期限十年。王太太選擇本息均攤，魏先生選擇本金均攤。如不考慮利率調整，王太太每月的還款額相同，都為 10,626 元，期滿後共需償付 127 萬元。魏先生第一個月還款額為 12,533 元，以後隨著每月貸款期末餘額的減少而逐月減少還款額。最後一個月還款額為 8,368 元，期滿後共需償付本息 125 萬元（注：計算魏先生的還款額時，假定每月都為三十天，實際還款應以每月實際天數計算）。

純粹從數值來看，等額本金還款歸還的本息合計比本息均攤要少，但是魏先生最初歸還的貸款較多。第一個月魏先生比王太太多還 1,900 元，現在的 1,900 元與十年後可能是不等值的，就像十年前的一元和現在的一元不等值一樣的道理，這就是資金的時間價值如果您在 1990 年代初貸款，非常明顯，選擇等額本息還款比等額本金還款更合適。

因此，選擇哪種還款方式，主要應注重自身的經濟狀況：如果您是一個事業有成的中老年人士，現在經濟收入頗豐，而

將來收入可能成長幅度不大，選擇本金均攤比較合適；如果您是一位年輕人，正處於創業階段，預期收入將有較大成長，則本息均攤更適合。

專家建議：省利息的良方

我們都知道，錢在銀行存一天就有一天的利息，存的錢越多，得到的利息就越多。同樣，對於貸款來說也一樣，銀行的貸款多用一天，就要多付一天的利息，貸款的金額越大，支付給銀行的利息也就越多。如果真正有什麼節省利息的良方，那就是應該學會理智消費，根據自己的經濟實力，量入為出，盡量少貸款、貸短款，才是唯一可行的方法。

明智買房的六大步驟

作為購房者來講，是一生當中一個非常重要的問題，先得安居才能樂業。但是在購房過程中出現了很多問題，不時在報紙或者其他的新聞媒體上看見，如向購房者承諾與實際情況不符或根本無法兌現的各種價格優惠、服務標準、環境及配套設施、管理人員，未按規定要求明示價格、面積等內容。其實，如果購房者比較謹慎，對於了解買屋知識比較多，很多問題是可以避免的。

一、查核開發商

在購房前要查清開發商的背景、註冊資金及建設部門頒發的房地產開發許可證等情況。許多房地產公司雖然掛的是國有或合資的大招牌，但實際上是個人所有或個人承包，建設資金完全靠購房者預付的購房款完成大樓開發。

二、看準地段、眼見為實

房地產廣告總是很誘人，亭臺樓舍，鳥語花香，綠樹群繞，快速道路、捷運構成交通的橋梁，未來的家園有多雅緻就有多雅緻，有多愜意就有多愜意，有多便利就有多便利。為吸引購房者，開發商往往把自己的地段位置說得過於優越。不過，在買房前要實地考察。有些地段比較偏遠，但隨著城市的發展，其繁華可能只需幾年的時間；有的地段當時很旺，但未來可能因為一個高架橋便使其優勢不復存在。

三、看房要注意細節

到現場看房子時要查詢商品房是否有房屋檢查的合格證書。看房最好在雨天，既看建材又看格局。看牆角是否平衡、龜裂、有無滲水。房屋間距與房屋高度比例最低是1：1，因為房子的間距直接影響著居室採光、通風、視野和綠化。有的房地產公司為減少成本，追求利潤，隨意縮小房子的間距，給

購房者的居住帶來煩惱，同時也會使得房地產的品質和內在價值降低。

四、注明交房期

　　購房者在簽訂購房合約時，一是要寫明交房日期，以及通水電等等其他條件，要釐清雙方違約責任，避免日後不必要的麻煩。購房人入住時，瓦斯不一定開通。所以購房人必須在商品房銷售合約的補充協議中做出約定，以滿足購房者正常的生活需要。

　　總之，買房是一件大事，因為它可能要窮其一生的積蓄，更可能將還貸作為大半生的奮鬥目標。對於這個熱門而又陌生的領域，從看到選到購，一路都布滿了荊棘。以上步驟教您如何在目前尚不規範的房地產市場中防範欺詐，找尋買房捷徑，讓你輕鬆入住，快樂享受！

> **專家建議：購買期房防詐的祕訣**
>
> 購房不能憑一時衝動，應該想清楚購房的環節、看好地點、簽好合約，以免將來發生法律糾紛。 在購買期房時，一定要將房屋設計圖紙納入合約的內容，以防房地產商隨意更改圖紙；簽訂合約時，要確認每一條的內容，針對那些主要的條款，尤其是權利義務的一些選擇性條款，消費者要據理力爭，保護自己的權益。

如何評估房子出租與出售哪個划算

隨著人們生活水準的不斷提高，房屋已從原來僅僅滿足大家的居住需要而趨向於朝舒適、溫馨型發展，不少人手中現在不止有一間房子，更多的人開始把房地產作為一種投資行為。

那麼到底是出售划算，還是出租划算呢？

首先，我們來看看出租和出售的區別。出租有時間限制，只是房子的使用權出租，所有權仍是房東的；出售就是一次性結算費用，使用權和所有權全部轉移。 兩者關聯不大，出租者可能有房屋所有權，也許沒有，因為現在有很多轉租的；而出售的房屋其所有權必須是出售者的。那麼，到底是出租還是出售呢？這還得具體情況具體分析。

一、出租比出售的獲利能力和銀行利率有關

　　當房屋年租金收入大於銀行年利息時，可考慮出租；當銀行年利息大於出租年收入時，可考慮出售。

　　如一套兩居室的出售價為 3,000 萬元，存入銀行每年可獲利息收入 232,500 元，而此房出租月租金一般在 40,000 元左右，年收益可達 48 萬元，兩者相差了 25 萬元，出售房屋受益會更少。

二、出租手續簡單，相對安全

　　出租雖然也要辦理租賃手續，但房屋畢竟還在自己手裡，感到不划算，隨時可以收回。因此，一些對出售房屋有顧慮的居民往往選擇出租，不過將房屋出售變現的人也不少。

三、出租比出售更穩妥

　　目前，由於家庭收入來源的不確定和教育、醫療、房屋等家庭支出的增加，居民對家庭財產的處置心態是「求穩」和「獲利」兩種，也就是主要考慮財產的安全性和盈利性，而對於房屋這一重大家庭財產來說，對其安全性的考慮則是首要的。

　　而出租房屋則是「安全」與「獲利」的最佳結合，這種出租方式，既保留了房屋的產權，又能每月收取「租金」；既考慮了長遠利益，又兼顧了眼前利益。因此，房屋出租將被人們視為

「最划算」的方式。

四、出租與出售以升值空間為準

　　好地段、好環境、好房型的住宅，將來有較大升值潛力，可暫不考慮出售，如果售房的原因不是急需用錢而是想買新房改變自己居住條件的家庭，可考慮先將舊房出租，月租金可用於支付購買新房的抵押貸款，待舊房的價位達到自己的滿意價位時再出售。而對於那些由於地段一般、房型老、面積小等導致升值潛力不大的房屋，如果你想改變自己居住條件，盡快住上一間屬於自己的新房，則可抓住時機以出售，再貸一點款或添加少量資金，換購面積較大的房屋，以改善自身居住條件。

> ### 專家建議：出租還是出售視家庭情況來定
>
> 出租還是出售要根據家庭情況來確定。對於那些經濟條件比較富裕的家庭，一則透過出租可以將房屋作為家庭的長線投資產品來考慮，以收取固定的房屋租金收益；二則透過出售可以更新換代房屋，以滿足家庭消費心理需求與實際能力的平衡，選擇購買那些環境配套好、管理完善、功能齊全的「換代新房」。而對於家庭經濟條件一般、地區房屋出售價格較好、家庭急需用款、房屋出租困難、租金較低不划算等狀況的自有房屋，則應該更適合於出售。

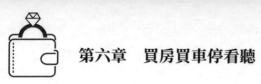

第六章　買房買車停看聽

第七章
不同類型家庭的理財經

　　每一個家庭有不同的經濟情況，正如「世界上每一片樹葉都不盡相同」一樣，不同的家庭側重點不同，應採取不同的理財方法。你的家庭屬於以下哪種情況呢？在這裡，為你送上不同家庭的錦囊妙計，教你輕鬆理財，快樂生活。

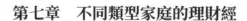
低收入家庭理財應以穩為主

　　張先生夫妻前不久剛結婚，兩人的薪資每個月 40,000 元左右，而現有資產銀行存款約 25 萬元。他們最理想的理財計畫是買一間小房子，先租出去幾年，等收入提高，可以準備生孩子的時候再簡單裝潢一下自住。因為收入有限，所以他們不敢貿然投資。

　　現實生活中，像張先生這樣收入不高的家庭都比較保守，認為自己收入微薄，無「財」可理。殊不知，理財是與生活息息相關，只要善於把握基本原則，低收入家庭亦有可能「聚沙成塔」，達到「財務自由」的境界。

一、多存錢、少支出

　　目前，大多數低收入家庭所面臨的問題是「收入少，消費卻不少」。要得到家庭的「第一桶金」，就要減少固定開支，即透過減少家庭的消費來累積剩餘，進而用這些剩餘資產進行投資。低收入家庭可將家庭每月各項支出列出一個詳細清單，逐項仔細分析。在不影響生活的前提下減少浪費，盡量少購物，減少娛樂消費等項目的支出，保證每月能剩下一部分錢。

　　如果想買房的話，對於積蓄不多的低收入家庭來說，中古屋是惠而不貴的選擇。買中古屋貸款建議使用最高成數和最

長期限。留下資金可以消費以提高生活品質，或投資以賺取更多利潤。

二、投資以安全為主

對於低收入家庭來說，薪水往往較低，經不住大風大浪，因此，在投資之前要有心理準備，首先要了解投資與報酬的評估，也就是投資報酬率。要了解不同投資方式的運作，所有的投資方式都會有風險，只不過是大小而已，但對於低收入家庭來說，安全性應該是最重要的。目前股票、期貨市場風險較大，低收入家庭的風險承受能力較低，可投資貨幣理財產品、貨幣市場基金和債券，這樣既能享受相應的利率，又可滴水成河。

另外，投資也可以多樣化，像是可轉換債券，這種債券平時有利息收入，在有差價的時候還可以轉換為股票賺大錢。投資於這種債券，既不會因損失本金而影響家庭購房的重大安排，又有賺取高額報酬的可能，是一種「進可攻，退可守」的投資方式。

三、購買保險有保障

買些意外傷害和健康保險並不是詛咒自己會有什麼傷害或不測。不過「人有旦夕禍福」，保險既是幸福生活的保障，也是

一切理財的基礎。現在，重病住院動輒就是幾萬元乃至幾十萬元。一場大病，就可以讓家庭傾家蕩產甚至負債累累。因此，低收入家庭在理財時更需要考慮是否以購買保險來提高家庭風險防範能力，轉移風險，從而達到擺脫困境的目的。

建議低收入家庭選擇純保障或偏保障型產品，以「健康醫療類」保險為主，以意外險為輔助。特別是對於那些社會醫療保障不高的家庭，比較理想的保險計畫是購買重大疾病健康險、意外傷害醫療險和住院費用醫療險。如果實在不打算花錢買保險，建議無論如何也要買份意外險，萬一發生不幸，賠付也可以為家庭緩解一些困難。不過，低收入家庭收入大部分都用於日常生活開支和孩子的教育支出方面，所以保險支出以不超過家庭總收入 10% 為宜。

專家建議：低收入家庭的理財方式並不是逃避風險

因為收入不高，所以很多朋友選擇逃避投資的風險，但是會理財者可依據自身風險承擔能力，適當主動承擔風險，以取得高收益。例如醫療費用的漲價速度遠高於存款的增值速度。要想將來獲得完備的醫療服務，追求更高的投資收益，現在就必須承擔更大的投資風險。一味迴避風險，將使自己的資產大大貶值，根本實現不了穩健保值的初衷。

新婚夫妻如何理財

蘭蘭和男友小胖相戀近兩年，今年準備跨出人生中非常重要的一步，計畫在年底成婚建立家庭。但是兩人都當了長時間的「單身貴族」，面對結婚和成婚以後的兩人家庭生活都感到有些不安，特別是當蘭蘭和小胖在籌備結婚的過程中面對著高高在上的房價以及昂貴的婚宴等一系列現實而又麻煩問題時，才越來越清醒地意識到以前「月光族」的生活是多麼沒有計畫和條理啊！於是，他們一起協商訂定了打理結婚前後兩人財產方案的規劃。

一、理性思考，拒絕衝動性消費

新婚家庭的經濟基礎通常都不強，所以不能超越自身經濟承受力，減少講究排場和衝動性消費。要避免買很多非必要的物品，在遇到對方提出不必要的購物提議時，不妨溝通一下，講出自己的意見和理由。

建立收支表，對一個月的家庭收入和支出情況進行記錄，然後對開銷情況進行分析，哪些是必不可少的開支，哪些是可有可無的開支，哪些是不該有的開支。另外，也可以用兩人的薪水存摺開通網路銀行，隨時查詢餘額，對家庭資金瞭若指掌，並根據存摺餘額隨時調整自己的消費行為。

二、積極儲蓄，逐漸累積財富

　　每月發了薪水，首先要考慮去銀行存錢；如果儲存金額較大，也可以每月存入一張一年期的定期存單，這樣既便於資金的使用，又能確保較好的利息收益。這種定期儲蓄的辦法，可以使新婚夫妻改掉亂花錢的不良習慣，累積資產。

三、財務透明，建立家庭帳本

　　國外很多家庭的理財經驗中有這種情況：夫妻兩人各立帳戶，涇渭分明，互不牽扯，同時，家中的一切生活開支由雙方等量負擔。既展現了夫妻對家庭的共同責任，又不失去個人的經濟獨立和人格獨立。

　　因此，夫妻雙方的收支情況最好透明，不要設「小金庫」。對於個人及家庭的日常生活開支，在不浪費的前提下，雙方自由支配各自收入。新婚後不妨設立一本家庭收支帳本，用收支記帳的方法，使夫妻雙方掌握每月家庭的具體財務收支情況，對家庭的經濟收支確實掌控。可以明確掌握計畫內收支和計畫外收支各自所占家庭總收支的百分比。同時，經由經濟分析，不斷提高自身的投資理財水準，使家庭的有限的資金發揮出更大的經濟效益，以共同努力建設一個美滿幸福的家庭。

四、組合投資保證穩健與風險相結合

結婚後，夫妻倆可共同出資建立一筆投資基金，由一方掌管，進行債券、基金、股票、儲蓄組合投資，期間，最好把穩健投資和風險投資相結合、長線投資與短線投資相結合，收益目標可定在 10%到 20%左右。為使投資基金透明化、合理化、直觀化，不妨在季度、年度編制投資收益一覽表，列明債券投資多少、收益多少；股票投資多少、收益多少；依此類推，以便讓雙方相互監督，隨時糾正投資中的失誤，計算已取得的收益，規劃以後的投資目標。

專家建議：理財是雙方共同的責任

理財成為夫妻雙方的共同責任。在新婚前後的一段時間內，應該充分尊重對方的生活與消費習慣，即使感覺到對方略為節儉或超支消費，也不應該太多地強行干預，只能在共同生活中循序漸進地適應磨合。對於重要的財務收支項目例如買房、買車等，應根據各自現在家庭的地理位置以及工作生活的範圍並結合實際財務狀況合理安排，有商有量，不要一個人果斷行事，以免影響夫妻感情。

全職太太的理財高招

李小姐自從懷孕以來就待在家裡再也沒有出去工作過，當起了家庭全職主婦，現在孩子都 3 歲了，丈夫是外商的經理，年收入 150 萬元。現在住在丈夫公司分配的房子裡，沒有產權。另外還有一間市區 24 坪房，明年年底交房，已經一次性付清。他們自己有 250 萬存款，月消費 2 萬元，從來沒有炒過股票，不知道該如何打理自己的財務。

從上面的案例看出李小姐是典型的家庭主婦，丈夫是家庭的經濟支柱，因此李太太的工作就是有效地處理家庭資金的合理安排，進行投資組合理財，規避潛在的風險，同時考慮為小孩的將來存一筆教育基金。理財專家給出了以下幾個建議。

一、將新房簡單裝潢，準備出租

由於李太太一家住在丈夫公司的宿舍裡，明年即將交房的新房占用了他們家的一大筆資金，所以，如果沒有特別要求，可以將新房簡單裝潢出租，以目前一個月 25,000 元的租金，一年下來就多增加了 30 萬元收入，除了用於日常支出外，還有餘裕。

二、採取穩健的經營及理財思路

　　李太太一家經濟條件比較寬裕，李太太本人又是不直接創造財富的「全職太太」，在進行家庭理財時，宜更多地採用穩健的理財策略，盡量多選擇一些風險較低，收益尚可的投資工具，包括外匯、定存和理財產品、貨幣市場基金和低風險的資金信託產品等。

　　建議拿出 50 萬存款做貨幣基金投資，125 萬元定為三年定存，50 萬元投資風險程度小一些的股票。

三、調整險種組合，合理安排保險保障

　　購買保險最重要的原則就是「鉅額損失原則」，即首先考慮應對損失最大的那種風險，因為這種風險一旦發生，對家庭可能就是滅頂之災，會使家庭經濟瞬間崩潰，令家人或自己在慘遭傷亡之際，再遭經濟上的致命打擊。目前，李先生一家之主，也是家庭的經濟重心。雖然李先生的公司已經給其辦理了保險，但還是避免意外事情的發生。建議將李先生的健康險保額提高到不低於 100 萬元，總體死亡保額提高到不低於 1,400 萬元。

四、繼續工作，保持自我競爭力

　　其實只要具有一定的理財意識，待在家中同樣可產生財

富 —— 不但肩負起讓家庭財產升值的重任，在關鍵時刻還能夠養家糊口。因此，適時到社會上兼一份較少費時的工作，維持自己的工作能力，也是李太太防範風險的可選方式。

專家建議：全職太太應理財順序是先保障再投資

在做理財規劃時，應先檢視家庭保障狀況，了解自己保險的保障範圍，如果保障不全面希望能先考慮保險，以彌補保障的不足，這樣對自己和家庭都是一種保護。為了未來的子女教育和自己的養老，應早做準備，準備越早，投入越少，收益越高。

白領夫妻的理財之道

案例一：

莎莎和阿強結婚兩年，計劃明年生小孩，由於現住的房子是阿強家買的，這對新婚夫妻並沒有太大的經濟壓力。一直以來兩人花費沒有節制，生活過得輕鬆，但卻也沒有多少積蓄。由於莎莎和阿強兩人都在外商公司任職，待遇不錯，但期待用未來的薪資調漲來養孩子，似乎是不可能的。那該怎麼辦呢？

從這個案例中我們可以看出，莎莎和阿強之所以「月光」，只要是在生活開銷、一般消費上的欠缺計畫。因此，先要審慎

開銷，做一本家庭帳本，看看自己的錢到底花在哪裡了。

二十天過去了，莎莎把日記帳攤開一算，嚇了一大跳，不到二十天，幾乎已經透支，難怪成天叫窮。其實他們最主要的開銷不外是吃、穿的花費，不到二十天就買了近兩萬元的服飾，在外用餐的金額也快是別人一個月的收入，這些其實都是可以省下一半以上的費用。幸好兩個人還沒有使用信用卡的習慣，只要能縮減開銷，刪除一些該省而沒省下的支出，相信以兩人的收入，很快地就能存下一筆錢。

於是，理財專家給他們提出一套 ROCK 致富法：所謂 ROCK 致富法，就是 Reserve other change keeping。根據兩人的收支計畫表，有一半以上的金錢根本是可以存下來的，而 ROCK 儲蓄法就是每當一張百元鈔找零後，自動就把 50 元抽出存進存錢罐裡，自然就不會任意花錢。每個月彙整一次，將存錢罐裡的 50 元存進銀行定期存款，等到累積成一筆錢後，再進行第二階段的收支計畫，即每月初發薪水時，兩人先扣掉 15,000 元存進銀行裡，確保最低儲蓄門檻額度。

好的開始是成功的一半，年輕人若能在進入社會開始領取薪水時就做好相關的理財規劃，掌握好平時財務狀況，並循序漸進的按各種步驟進行理財，必能籌足未來達成各種目標所需的資金。相信經過這樣一番計畫後，奶粉錢，買車的錢都不是問題了，他們的日子會越過越好了。

案例二：

丁丁和老公結婚剛一年，老公是一家進出口公司的經理，月收入新臺幣 50,000 元左右，丁丁是一家網路公司的行政人員，月收入在新臺幣 30,000 元左右。家庭的大致支出有房貸、水電、生活費。因為他們不愛在家做飯，最大的開銷是外食，一個月的飯錢就將近 10,000 元。雖然老公的薪水都由丁丁來管理，但在理財上，丁丁基本上是不記帳的。他們沒有做任何投資，錢都是放在家裡。這都不算什麼，最讓丁丁生氣的是老公每次出差都不記得要向公司報帳，以至於後來收據全被他弄丟了，出差的費用全部自行負擔。丁丁一家有時用著用著就發現沒錢了，存不住錢，也不懂投資。

針對這種不懂記帳、花錢沒有節制的白領夫妻，首先要做到開源節流，盡量在家做飯，多自己做少出去吃。每月發薪水後先規劃收入，留下當月預計支出，再將剩餘的錢存入銀行，這樣可以避免亂花錢。準備一個抽屜或盒子，讓老公出差回來後把所有的收據都放進去。

一般來說，白領夫妻的經濟狀況比較寬裕，這個月花完了下個月就有薪資匯入，不用擔心明天吃不飽飯，後天沒有房子住等問題。不過，一個和睦、健康的家庭應該有厚實的家庭經濟基礎做後盾，更何況年幼的寶寶、年邁的父母都需要你照顧。因此，學會理財對一個家庭來說尤為重要。快來學習理財

三部曲吧！

第一、根據家庭情況訂定家庭經濟目標。訂定目標時不要把幻想和目標混淆，盡量具體些，像是「45 歲時，獲得 250 萬元淨資產」。還要學會定長期目標和短期目標，像是「在年底前還清 5 萬元汽車貸款」是短目標，「在 45 歲時，獲得 250 萬元淨資產」是長目標。

第二、訂定財務計畫，包括：現金預算計畫、儲蓄和投資計畫、債務計畫、買房買車計畫、傷殘和健康保險計畫、人壽保險和醫療保險計畫、退休計畫等。未來有不許多不可確定的因素，但有計畫總比沒有任何計畫要好得多。

第三、檢查財務進展情況。花錢比存錢容易得多，有時你會不自覺地處於無紀律狀態，回顧跟檢查將把你拉回正常生活。像是，你可以讓你的生活方式有所節制，自己在家做飯，少些不必要的應酬，少借點錢，在財務狀況好的時候多存點錢，或者改變你的投資重點，這些調整將有助於你早日實現自己的目標。

專家建議：白領夫妻理財要做好三件事

夫妻想要進行家庭理財，必須做三件事：首先要統一觀念，兩人一心才有可能創造出好的家庭財務環境；其次，夫妻二人各具優勢，如何做到優勢互補是家庭理財的重中之重，在家庭中找到適合自己的理財角色，是在統一理財觀念後應該做的第二件事；最後，不同家庭自然情況各異，理財思路也不盡相同，設計出適合自身家庭需求與發展的理財方式是為小夫妻家庭理財做準備的第三件事。

「頂客家庭」快樂理財

頂客為英文 Double income and no kids 的縮寫 DINK，意即雙薪、無子女的家庭結構。頂客家庭是一種生活方式，它代表了輕鬆、自由、膽識以及勇氣……總之，頂客家庭選擇了一種更為自主的生活方式。

頂客家庭的成員一般都有穩定的收入，消費水準也很高，他們是社會上的中產階層。他們中有很多人認為養育孩子是一件非常麻煩的事，會妨礙他們夫妻的生活。夫妻雙方大多高學歷，以事業為重。

現在，我們一起來看看頂客家族的理財案例。

張先生今年 32 歲，碩士畢業，健康狀況良好，是某公司高級主管，月收入 50,000 元，公司有老年保險和醫療保險，目前有一間小房子，他的太太今年 30 歲，是一名醫學碩士，在大醫院上班，月收入 60,000 元，健康狀況良好。夫妻暫無子女，也沒有生兒育女的計畫，充分享受二人世界。目前，夫妻擁有現金及活期存款 20 萬元，定期存款 40 萬元，股票及股票型基金 75,000 元，自有房地產價值 2,100 萬元。 家庭每月需要支出管理會、交通及其他日常開支 12,000 元。

從這個案例可以看出張先生和太太具有「頂客」家庭的共同特點：夫妻兩人學歷較高，收入很高，注重享受沒有負擔的輕鬆生活。從兩人將一半以上的貨幣類資產投入銀行儲蓄或留做備用現金來看，他們可能是為了方便，而疏於家財打理。40 萬元的定期存款和 20 萬元活期存款，以目前這種保守的理財方式，想實現每年 5% ～ 10% 的理財目標很難。因此，理財專家建議張先生一家可以做以下理財安排。

第一，從王先生家庭每月支出 12,000 元的消費來看，完全沒有必要將備用現金和活期存款留存 20 萬元，建議將家庭備用金（含活期儲蓄）壓縮到 5 萬元，其餘 10 萬元購買國債、5 萬元轉成一年期定期儲蓄。

第二，根據當前股市下跌的實際情況，建議購買貨幣型基金，它可以像活期存款一樣方便，收益還高於銀行儲蓄，適合

張先生追求穩健又考慮收益的投資需求。如果張先生投資貨幣型開放式基金或偏股型開放式基金有了一定的經驗和報酬，可以將後續收入採用定期定額投資法，適當追加偏股型開放式基金或貨幣型基金，以增加投資收益，股票及股票型基金可以繼續持有。

第三，建議兩人充分挖掘個人潛能，尋找第二職業，實現家庭的開源增收。張先生如果對收藏、外匯、企劃等有研究，可以在業餘時間，可以賺點「外快」，既可以豐富業餘生活，又能增加家庭收入。張太太是醫院的主治醫師，這本身就是一個創富的良好資源，可以做私人醫生或個人保健顧問等兼職。

第四，如果將來夫妻兩人的工作和兼職收入增加的話，可以考慮購買 50 萬元左右的中檔車。另外，以目前兩人的經濟狀況來說，一年帶雙方家人出外旅遊是完全沒有問題的，既可以盡到孝心，也可以實現自己累積財富、提高全家人生活品質的理財目標。關於更新房屋的問題現在考慮也有點早，能否實現更新房屋的目標取決於兩人遠期的收入水準和將來房價的走勢。

專家建議：頂客家庭應注重養老計畫

頂客家庭如果確定沒有生子計畫，應將年收入的 10% 用於投資保險計畫。在傳統的觀念裡，養兒等於防老，沒有孩子的家庭，應該買入商業保險、意外傷害險和人壽險，提前做好養老退休計畫，以備不時之需。

準三口之家的穩妥理財之道

年輕的時候，一個人的日子是閒雲野鶴的，不太去想未來會怎樣，總以為還有大把的時間和機會讓自己在短時間內賺夠大把的錢，足夠下半輩子的開銷和養老。可是隨著年齡的增長，隨著家庭的建立、隨著即將到來的小寶寶，突然間發現一切都改變了。

蔡小姐和老公都 30 歲，孩子還有兩個月就要出生了，丈夫年收入 60 萬，工作穩定，雙方都沒有其他商業保險。家庭年支出約 15 萬，已每月基金定投 3,000 元，另買有一萬股票型基金；住家裡在市區的老房子；有活期存款 25 萬元。對於即將降臨的生命，他們欣喜又擔憂，擔心以目前的經濟狀況無法應付將來的三口之家生活。

理財專家綜合分析，蔡小姐家庭的財務狀況有幾個特點：

第七章　不同類型家庭的理財經

一是家庭收入比較穩定，沒有鉅額開銷，金融資產已經涉及多樣性投資，理財意識比較強；二是金融資產中活期存款比例過高，投資收益過低；三是家庭保障計畫不全。

新生命的誕生，讓浪漫的二人世界變成了溫馨的三口之家，生活的重心也隨之發生了變化。家庭因血緣而產生依賴，同時也使得家庭經濟具有連帶性。家庭成員面臨風險相當於其家人同樣面臨風險，所以要用合理的資金組合方式增加收入，規避風險。

首先是要做好家庭保障計畫，要想真正老有所保，還得考慮適當補充最基本的商業保險項目：像是重大疾病險、壽險（強制儲蓄功能）、個人意外險等產品。一旦生個重病不但可能看不起病還有可能面臨失業等等風險，而投保重大疾病險多少有些保障；壽險則相當於強制性儲蓄，此外還可以在退休之後增加一份收入；個人意外險則是萬一有事故發生至少可以給家人提供一些金錢上的保障。因為家裡多了一個小寶寶，所以應該把兒童保險考慮進去。目前各大保險公司都有各式各樣的兒童保險推出，可以根據自身的財力適當選擇。

一個人的支出和一個家庭的支出是完全不一樣的，相對而言，一個家庭的生活成本要低於一個人的生活成本，這就是為什麼同樣的收入，很多人單身很多年還是存不了什麼錢，而一旦成家之後就很容易存起來的原因。如果安排合理，扣掉孩子

教育、購買保險、日常生活等開支之外，還應該有一些餘裕才對，這些餘裕可以放在銀行的活期帳戶裡，這部分資金可以作為全家外出旅遊、拜親訪友的開支，也可以作為應急資金，如果達到一定的金額可以考慮將之轉為定期或用作其他相對穩定的投資。此外，一般認為房地產是最具保值功能的投資產品，可以隨時關注，如果有足夠餘錢市況也不錯，可以考慮購買中古屋出租以獲取穩定收益。至於股票等風險比較大的投資，在目前市況下建議最好不要介入，當然如果手上有餘錢也可以稍作嘗試。

　　總之，作為一個準三口之家，理財規劃必須考慮得比較周全，要考慮了大人、小孩的家庭保障、孩子未來的教育基金、餘裕資金的高效投資等幾個方面，當然還有不可忽視的一點就是能省就省、有效節流。

專家建議：準三口之家的理財寶典

馬上就有新生命誕生了，對全家來說是一件高興的事。在進行家庭財務管理時，沒有太多經驗的夫妻可以借助理財師的幫助，學習成功家庭的理財經驗，以及找到適合自己的家庭的理財方式、進行學習都是夫妻們把家庭財務治理好的最佳幫手。

收入不穩定型家庭應如何理財

雷先生是一家公司的銷售總監，年收入 50 ～ 100 萬元，浮動較大，妻子在家照顧半歲的小孩。他們家有兩間房子，一間 18 坪，以每月 12,000 元的租金給親戚居住；自己住在 35 坪的房子裡，貸款每月 23,000 元左右，房貸期限二十年，目前借家人 10 萬元，房貸和本金利息 552 萬，共 562 萬元；另外還有一間價值 2,600 萬元的店面，年租金 36 萬元，五年後租金會上漲。現在手中有現金 15 萬元、金融資產（基金）275 萬元。每一個月生活支出 10,000 ～ 15,000 元。

從這個案例可以看出，男主人雷先生是整個家庭的支柱，而無保險，應適當購買醫療險，但交納的保費支出總額應控制在不超過店面的年租金收入為佳。

由於家庭收入不穩定，僅靠雷先生一個人支撐整個家庭，因此投資不宜太積極，建議將 15 萬元現金投放到貨幣基金中，提升資產收益；而在 275 萬元基金中，應將其中 100 萬元購買債券型基金，剩餘的 175 萬元，按 6：4 進行基金組合搭配，即 60％的股票型基金和 40％的配置型基金。

在日常生活中，雷先生先生一家應巧用各種理財工具為資產增值。如申請銀行信用卡，在消費時盡量多刷卡，盡量享用

銀行卡消費的免息週期；多使用銀行網路上服務系統，對每月生活支出後的餘錢，應盡快轉換成三個月或六個月的短期定期存款，設定自動轉帳，當到達一定程度就轉換成其他理財產品。

一般情況下，受過良好教育、學歷較高者，收入狀況要優於沒有受過良好教育的人，而且後期獲得的收益要遠遠大於先期投入。因此，從這個角度來看，教育投資是個人財務企劃中最富有報酬價值的一種投資。目前，趁著孩子的年齡尚小，可以適當投資教育儲蓄計畫，將來可以減少經濟負擔。

一般來說，收入不穩定家庭應留足備用金，以備不時之需。家庭緊急備用金主要用於家庭突發事件如失業等常規支出外的緊急支出，一般為三個月支出，但考慮到雷先生先生收入不夠穩定，建議可設置三個月支出水準的家庭備用金，大致為15萬元左右。備用金要求流動性強，建議將其中5萬元為銀行活期存款，其餘部分可購買保本但流動性強的理財產品。

總之，像雷先生先生這樣收入不穩定的家庭，投資理財應做好以下四個方面：

一、每年的餘裕不能少於25萬元，努力增加收入，減少支出，爭取更多的餘裕用來儲蓄和投資；

二、投資組合的收益率不能低於5%，充分利用每年的餘裕進行積極的投資，努力獲得5%以上的投資收益率。投資工具應該傾向於中度風險的產品，例如債券、配置型基金、股票基金

等，只有這樣才能滿足或超過以上測算過程中投資收益率為 5%
的假設；

　　三、堅持長期投資，特別是店鋪這樣盈利型好的房地產，
應長期持有；

　　四、每年至少檢查一次理財方案，根據情況的變化及時做
出調整。

專家建議：收入不穩定家理財需要留足家庭備用金

理財追求的不是財富的快速增值，而是根據家庭的風險偏好
和風險承受能力選擇適合的理財產品，使資產穩步增值。收
入不穩定，家庭應急備用金應留足，可採取活期存款＋貨幣
基金的形式。積極學習理財方面的知識，剩餘資金除預留出
生活開支外，可適當投資風險較低的固定收益類銀行理財產
品、債券型基金等。

把小倆口的錢放在一起

　　當見證愛情的戒指戴在你愛的人手上後，你們就是一家人
了。結婚後，你將與你的另一半生活在一起，住在同一所房子
裡，睡在同一張床上，一起搭建你們的愛巢。它和盛大的婚禮
無關，和漂亮的結婚禮服無關，最重要的兩個人、兩個心今後

將永遠在一起，共同生活，探討未來，交流思想，處理生活中大大小小的事情，分享彼此的淚水和歡樂。

然而，再溫暖、再甜蜜也逃不過「柴米油鹽醬醋茶」這等俗事，總會跟錢扯上關係。在涉及到經濟問題的時候，夫妻雙方不要躲避，更不要迴避，而要面對面的搞清楚什麼時候適用「我的就是你的」規則，什麼時候需要保持個人的私人空間。在生活中，每一對夫妻都會發現在「我的就是你的」和保持個人的私人空間之間會存在一些矛盾和摩擦。如果夫妻中的一個非常節約，而另一個卻大手大腳、揮金如土，那麼，相互間的矛盾也就可想而知了。

在雙方交往關係穩定後，先「察其言、觀其行」觀察對方對錢的看法，用錢的態度以及他的財務狀況。往往要觀察相當的時間後，才能真正看出對方的理財個性。了解他每月的收入來源，是否有固定的資產？家庭成員多少？現在與未來的家計負擔為何？用錢的習慣？與朋友間金錢往來時的態度與情形？

而後，為你的家庭定制一份合理的理財計畫。原則上來說，一個家庭的財務應由夫妻雙方共同管理，在理財權利上不應分出主次和高低。在理財的具體方式上，可在共同協商的原則下採取適合自家情況。

第一種方式：

夫妻雙方把薪水收入放在一個固定地方，雙方各自隨意取用，互無戒備，互不干涉，取用自由方便。存在的缺點是容易形成開支無計畫、無節制，不利於家庭經濟按計畫行事。最好的方法是先把當月的固定開支、必需開支以及儲蓄金額按計畫進行，由一人主管；把餘下的錢款作為日常開支，兩個人隨用隨取。

如果你家採取的是這種方式，盡量做到鉅額開支有計劃，小額零用可自由。一旦出現了赤字或者月初鬆月底緊，雙方感到不便了，千萬不要互相猜疑，不要指責對方胡亂花錢，而應本著互諒互讓、既往不咎的原則，先從約束自己「愛花錢」的毛病開始，盡量為對方的花費多留一些餘地。這樣，不僅可以糾正自己花錢手腳較大的毛病，而且還能增進夫妻感情。否則雙方產生爭執，很容易從夫妻之間互無戒備轉化為互有芥蒂，影響夫妻關係。

第二種方式：

由比較節約一方統理全家財務大權，另一方用錢時向對方臨時索取。這種方式的好處是較易嚴格按家庭計畫行事，使另一方不為家務分心。如果另一方有花錢大方的毛病，也有助於限制對方。採取這種理財方式，掌管財權者第一要做到民主，

應該充分考慮到對方的合理花費，在家庭經濟條件允許的情況下，盡量滿足對方合理的需求，也要能夠聽得進對方對自己理財的批評意見，盡量做到帳目清楚、公開，樂於接受對方或全家的監督。

事實上，不論採取上述哪種方式理財，只要夫妻之間本著互諒互讓、平等相處的原則，就能將家庭財務打理得非常好。

附：家庭理財需要注意的 10 個細節

對錢的問題有分歧時，要實事求是地好好討論，把不滿憋在心裡，後果可能不堪設想。

把債款統統加起來，看看一共是多少，然後擬定償還的辦法。

解決共同帳戶或獨立帳戶的問題。只要意見統一，選擇哪一種帳戶都可以，夫妻也可以兩人合開第三個帳戶，用來支付家庭開銷。

指定一方負責支付帳款、記帳、處理投資事宜。

要清楚自己的錢去了哪裡，即使你的家人是算帳高手，你也必須主動查看一下，了解來往帳目收支情況。

你的配偶間或稍微「揮霍」一下，不要嘮叨，雙方都應該有可以自主支配收入的自由。

購買貴重物品前要跟家人商量一下。

不要在他人面前批評配偶的用錢方式。

孩子要求買什麼東西的時候，夫妻倆的立場要一致，以免寵壞孩子。

經常討論兩人的目標，最好選在沒有財務問題壓力的時候來討論。

專家建議：家庭理財的技巧

夫妻倆可根據收入的多寡，拿出約定好的金額存入公共帳戶以支付日常開支。為了使這個公共基金良好運行，還必須有一些固定的安排，這樣夫妻倆就可能有規律的充實基金並合理使用它。不過，家庭理財最重要的是夫妻意見一致。

「三代同堂」型家庭如何理財

每個家庭都有不同的情況，所以不管做什麼；都要從自己的實際情況出發，找到最適合自己的方法，理財也是一樣。現代社會，家庭結構基本都是爺爺奶奶、父母、兒女三代人共同組成，這樣的家庭該如何理財？

劉太太今年 30 歲，是一名網路公司的部門經理，月收入 40,000 元，她的先生 35 歲，是電子工業公司技術人員，月收入 50,000 元，兒子兵兵今年 9 歲，劉太太的母親已退休，與他們

住在一起。她可謂上有老下有小的「夾心太太」，因此，劉太太經常因為一家大小的消費、健康、投資等問題頭疼。

對於像劉太太這樣上有老下有小的三代家庭來說，理財尤顯重要。這時此類家庭經濟支柱者都已步入中年，收入水準達到一生中的高峰，但支出也相對最多，包括子女的教育，老人的贍養以及家庭其他方方面面的支出讓許多當家人操心。幸好現今的金融業相當發達，有些事情未必事必躬親，只要掌握相應的理財工具和適當的理財方法，就可使日常理財輕鬆完成。

劉太太家的主要責任是贍養老人、養育孩子，因此至少應準備六個月的生活費用作為應急現金，應急現金除了進行銀行存款之外，可以購買貨幣市場基金等提高收益率，同時也不要忘記盡量節約不必要的開銷。

在生活及投資方面，可以利用網路銀行辦理繳納瓦斯費、電話費固定電話費等繳費業務，做到足不出戶，節省時間。

在投資方面，建議劉太太一家選擇風險適中的投資組合，比例可以按 4：6 分配，40％選擇低風險的固定收益類產品，包括債券型基金或者債券，年收益率在 4％左右；60％選擇中等風險的產品，包括股票型基金或者券商集合理財產品，長期的年收益率在 10％左右。這樣構建的投資組合的年綜合收益率在 7％左右，購買方式選擇定期定額投資，攤平購買成本，降低投資風險。

在保險產品方面，應該給夫妻二人、老母親和孩子購買健康和意外保險，家庭的年保費支出控制在家庭年收入的 10%～20%以內。在孩子上完大學之後，劉太太一家還有十幾年的時間來準備養老金，而且夫婦的收入在未來還有成長空間，所以規劃養老金的重點是構建合理的投資組合，在控制風險的前提下實現資產的保值增值，可以一方面購買適量的養老保險，同時調整投資組合，提高低風險產品比例，降低中等風險產品比例，使投資組合更穩健。

專家建議：一邊理財一邊注重自身的健康

「上有老，下有小」的家庭結構中，中年人承載著許多責任，擔負著更多的任務。因此，藉由自身努力增加財富的同時，作為一家之主，一家的頂梁柱，應注重自身的健康，若有閃失，你的家庭將搖搖欲墜。在購買保險方面，可考慮給自己多加一份保險。

再婚家庭理財應側重什麼

婚姻就像一條船，兩個相愛的人一個在船頭一個在船尾，相互扶持、相互努力駛向前方。不知什麼時候，船體破了一個洞，船隻能搖搖晃晃地向前，在沉入海底之前，船上原本相愛

的人各自逃離，各奔東西。

目前，離婚率呈不斷上升之勢，不過眾多離婚者在經過心理調整之後又陸續組建了新的家庭。據有關專家分析，再婚家庭和第一次婚姻有很大不同，再婚者面臨著心理、人際關係、家庭經濟等方面的問題和壓力。首先，再婚者有離婚的陰影，戰戰兢兢踏入新家庭，對另一方存有戒心，下意識地會在感情和經濟上有不同程度地保留，唯恐全部投入後，換來的是又一次傷害。同時，由於涉及第一次婚姻所生的子女，如果再加上新婚後生育的子女，會使再婚者的家庭關係更為複雜，各種親情維護等開支也比普通婚姻多，所以再婚家庭的理財顯得更為重要。

周小姐前年和丈夫辦理了離婚手續，6歲的兒子歸她撫養。今年年初，經人介紹與同樣是離異的鄧先生相識，雙方情投意合，一見鍾情，並約定登記結婚，組成了新的家庭。周小姐是一家出版社的責任編輯，月收入 30,000 元，有個人積蓄 50 萬元，其中 40 萬元是即將到期的一年期定期儲蓄，10 萬元為活期存款。現任丈夫鄧先生是某連鎖餐飲的股東，因經營有道，生意非常好，平均每月能分紅在 10 萬元左右。目前他有現金類資產 150 萬元，其中有 100 萬元市值的股票，另外的 50 萬元借給一位親戚投資，協定年利率 10%；鄧先生和前妻生有一女，歸女方撫養，但每月他要支付撫養費 5,000 元。

第七章　不同類型家庭的理財經

　　周小姐夫婦年收入 31 萬元，其中周小姐占 23%，張先生占 77%。目前，其家庭現金類資產為 40 萬元，其中銀行存款占比為 25%，股票投資占比為 50%，其他借貸占比 25%。

　　從這個案例中可以看出，這個組合再婚家庭的經濟狀況良好，收入水準高，具有良好的資金累積和擴大投資潛力。從各自的理財方式上可以看出，周小姐的理財觀念比較保守，將自己個人的財產全部投在銀行儲蓄，年收益難以抵禦物價上漲，進而會造成資產貶值。而鄧先生喜歡冒險，幾乎把所有的積蓄都投在風險投資上，久而久之，隨著年齡的增長，鄧先生家庭的風險承受能力會越來越弱，股票占有率太高會對家庭財產的安全構成威脅；其他借貸雖然收益高，但風險更大，如果借款人經營虧損或惡意逃債，很可能會使借出的錢打水漂，血本無歸。因此，這個組合家庭的理財方式需要進行較大的調整。

一、家庭財務分開，實行 AA 制

　　兩個經歷失敗婚姻的人重新結合在一起，一定經歷過挫折，因此要格外珍惜。在財務上，雙方要以誠相待，不要相互保留和隱瞞，並注重加強家庭理財的交流和溝通。在加強交流溝通的基礎上，建議兩人在相對透明的狀態下，實行 AA 制理財，因為再婚夫婦的雙方不但要負擔各自父母的養老等正常開支，還要對不跟隨自己的子女盡責任，如果「財務集中」的話，

容易因「此多彼少」等問題引發矛盾，所以，各自財務獨立的 AA 制對他們來說最合適不過。

二、及時調整方案，將風險投資轉為穩健投資

如果價值一百萬元的股票被套牢，不但沒有收益，反而虧本。股票市場翻雲覆雨，一點風吹草動都可能引起波動，隨著加上鄧先生年齡越來越大，家庭負擔的增重，已經承受不起「今天富翁，明天乞丐」的劇烈變化。建議張先生逐漸減少股票的持倉量，考慮目前股市處於階段性的底部，暫時保留手中的股票，等待股市回暖後，減少持倉量，可以將三分之二市值的股票套現。然後用這些資金採取中購的方式，購買收益穩妥的開放式基金。雖然開放式基金在某時段的收益會低於股票，但它能夠避免個人買股票選錯個股的失誤，基金的跌幅永遠小於整體股市，所以購買開放式基金能有效減少家庭的投資風險。

三、多買債券，保值增值

周小姐如果想長期投資，也可以到銀行或證券公司購買記帳式國債，這種國債期限長，收益是國債中最高的，或者購買適量的債券式基金，坐享分紅和基金增值。

四、購買保險，增加抗風險能力

　　周小姐可以購買適量的養老類商業保險，以補充將來養老資金，提高晚年生活品質。而鄧先生要以加入商業保險的方式增強自己的抗風險能力。他可以購買養老性質的商業保險，同時還可購買重大疾病險、住院醫療附加險以及適量的壽險，以防止因自己出現意外而影響家庭的生活品質。為保證孩子有充足的教育基金，周小姐和先生可以為孩子購買教育型保險，但注意不要心存顧忌。

專家建議：再婚家庭適宜 AA 制

如果雙方都是曾生育子女的再婚家庭，那就不再是簡單的雙人組合，而是兩個家庭的融合，因此，無論是理財還是處理家庭關係，所面臨的問題都比較多，理財專家建議實行 AA 制，將使家庭關係更和諧。

第八章
理財迷思、錯誤「一點」通

一生中任何一個人或多或少都會犯一些錯，更何況在金錢面前，有的人難免會難以把握自己，或急功近利，或急於求成，或犯糊塗，或目光短淺，或痴心妄想，而犯下各種錯誤，要想遠離錯誤就在於你有沒有一顆平常心，像往常一樣，循規蹈矩地生活、工作，錯誤就會離你遠一些，幸福會離你更近一點。

第八章 理財迷思、錯誤「一點」通

夫妻理財的常見錯誤

投資理財有點像農耕。每個人都會播種，但只有有經驗、有時間又有適當工具的人才能使種子長到成熟。而其他種子沒有成熟的人，終歸是因為錯誤的不斷累積，或急功近利，或急於求成，或方法錯誤，或時機不對等。在投資理財上，你犯了什麼錯誤呢？

幻想一夜暴富

千萬富翁不是一夜變成，他們都是經過自身的努力累積成富。勇敢面對現實吧：累積實際財富所需的時間遠遠不只數月數年，它需要數十年的時間。不要幻想你今天買了 50 萬元股票，明天就是百萬富翁，也有可能明天變成 5 萬元呢！

缺乏更高的理財目標

更高的目標才會讓人更有動力。建議你和另一半在閒暇之餘設計一下你的家庭夢想、理財目標，不要得過且過，有一分錢就花一分錢，共同選擇一個更高目標，花點時間持之以追求下去。

隨便使用信用卡

信用卡為你帶來很多便利，如果過度、頻繁使用，那麼累積的債務將會十分可怕，有可能摧毀一樁婚姻。如果夫妻一方經常把一家拖入債務堆中，夫妻感情會受嚴重影響，如果雙方都債務成堆，那只會讓夫妻關係變得更僵。

貸款像持久戰

有的夫妻一旦申請成功房貸或車貸，心中暗喜。擔心每月還款壓力增加，因此能將貸款拉多長就拉多長，動輒就是三十年貸款。其實，這種理財方式顯然弊大於利。如果你已經有了三十年貸款，那麼計算一下你總共要還銀行多少錢？如果你把這個期限縮短為二十年，那麼你就能輕鬆節省數萬元的利息支出。

不教孩子如何理財

爸爸有錢，並不等於兒子有錢。即使你手中擁有幾百萬、幾千萬，到你兒子手中可能就揮霍殆盡了。因此，給孩子金錢，不如教給孩子賺錢、理財的方法。理財觀念越早培養效果越好，向孩子們解釋每月一小筆儲蓄如何能發揮巨大的作用，這才是最重要的。

不及早地為孩子設立大學儲蓄計畫

上大學的費用非常昂貴，而且不時耳聞調漲學費，因此及早設立大學儲蓄計畫非常重要。

不聽取職業理財建議

你是否曾經播下一粒種子而忘記澆水？如果是的話，那麼除了在地上拋下一粒種子之外，還要做更多的工作才能培養出美麗的花朵。地如果太乾，我們就得澆水；天氣如果太冷，我們就得提供保溫措施。有的理財顧問給你描繪出一朵美麗的花，把你投資的種子拋入地下，然後拋諸腦後。

理財是一個長達一生的旅行，最好給自己雇一個嚮導。好的理財顧問就像職業的教練或嚮導，會與你們夫妻攜手走完生活之路並發財致富。

> ### 專家建議：及時檢查和調整理財方式
>
> 對於投資理財而言，充實與平衡是家庭理財的基本點。雖然在投資過程中難免會犯一些小錯誤，但沒有關係，重要的是你要清楚自己在做什麼。夫妻雙方要及時回過頭來看看自己的理財方法，及時檢查和調整理財方式，才能避免犯錯。

夫妻理財忠告

　　山雀、松鼠和蟑螂同住在森林王國，他們討論最多的話題就是大家將來如何出人頭地，怎樣能夠賺更多的錢，如何讓自己變得更富有。

　　還是很小的時候，蟑螂就開始研究怎麼讓自己的身體變得更光滑，將來獲得食物時要順利逃脫。藉由大量學習前輩的經驗和自己摸索的經驗，蟑螂領悟到了一些賺取食物的小訣竅。

　　這就是蟑螂的厲害之處，也是人們討厭的地方。

　　從小就生活在較富裕環境裡的山雀從來不擔心明天的早餐沒著落，所以每天起得最晚，睡得最早，吃得最多。牠認為本來鳥類的生命就很短，所以應該好好地享受人生，如果將來有錢了，就到外面的世界好好玩玩，見一見世界，也不枉白來一趟。

　　松鼠是一個品學兼優的好學生，做事一向沉穩，對新鮮事物的態度是先要看一看，研究一下再說，從不輕易冒險。松鼠認為賺錢是將來要做的事，現在要做的就是怎麼學好本領。

　　一年後，山雀、松鼠和蟑螂又相遇了。經過在年幼的鍛鍊時，蟑螂同學的日子可謂過得如魚得水，除了每天必備的食物外，牠還有其他外快，生活算是富足。

257

第八章　理財迷思、錯誤「一點」通

　　山雀和以前一樣過瀟灑自如，各地風光到是領略了不少，不過到目前為止牠幾乎沒有任何存糧。

　　松鼠現在已經是森林王國的小幹部了，表現很出色，在樹洞裡已經存好了一堆糧食，還有一些糧食寄存在別人家，現在牠正考慮著自己打造一個窩，不過時機不成熟就不會輕易嘗試。

　　其實，你們周圍也生活著像山雀、松鼠和蟑螂一樣的人，有的人為了自己的生活四處奔波，有的人卻正在瀟灑自在地享受。不管，目前你是什麼樣的生活方式，有些忠告你不得不聽，有的話語你不得不記住。

第一個忠告：今天的一元不等於明天的一元

　　假設現在的一萬塊錢可以買一頭牛，也許未來的一萬塊錢就只能買一盒火柴。通貨膨脹會讓你的購買力降低，也就是通常所說的貶值。有許多人收入不低，但是他們總是把賺到的錢全部用來消費。幾年過去了，依然是兩手空空。一旦遇到生活中的變故，他們沒有的財務儲備來應付。他們的消費習慣和投資理財的觀念最終可能讓他們變成真正的窮人，就像山雀一樣。

第二個忠告：投資理財忌三天打魚，兩天晒網

　　投資理財最忌諱的就是三天打魚，兩天晒網，抱著投機的心態試探一番。真正懂得投資理財的人，都會抱一顆平常心，

有耐心、有毅力地進行長期的投資理財。

第三個忠告：用平均投資法使你只賺不賠

假如你每年用新臺幣 10,000 元來投資，現在的投資單位為每個 10 元，10,000 元可以買到一千個。第二年降為每個 5 元，10,000 元可以買到兩千個。如果第三年以每單位 8 元出售，投入 20,000，回收 24,000 元，是穩賺不賠。所以平均投資法可理解為：每個固定的時間投入相同的資金，在市值超過平均購買成本時賣出，則一定賺錢。

第四個忠告：理財要做好四個步驟：守，防，攻，戰

所謂守就是守住資金，用普通的儲蓄、購買不動產、保險等方式穩固資金；所謂防就是防禦性、較為保守的投資，例如投資政府債券、基金、超級績優股、外幣存款等；所謂攻就是大膽投資，看準市場，投資實力股票、優先股票及開放性投資基金；戰就是注入資金，即期貨、股票等風險性投資。守、防、攻、戰的資金比例要適當分配，三分之一的資金作為絕對保守地運用。再加上防禦性的投資，占六成的資本都用來自保。

第五個忠告：追求財富自由之路，非薪水收入大於薪水收入

如果你每月指望著一點點固定的薪水來維持你的生活，提高你的生活品質的話，那未免也太單調了。一個成功的投資理財者，應該在做好本職工作的同時，運用聰明才智，開發第二職業，學會運用多種方式增加自己的收入。這樣，你才能真正走向財富自由之路。事實上，很多有錢的投資者都用自己的實踐達成財務自由。

第六個忠告：請一個私人理財專家

現在有一個普遍的問題，手裡有錢的人可以分成四種：有錢沒觀念、有錢沒方法、有錢沒時間、有錢沒知識。那麼他們應該怎麼辦呢？

假設你現處於荒郊野嶺之中，離市區要三個小時的車程，太陽也快下山了，而你對自己所處的方位卻沒有任何概念。這時候，你是要一張地圖，還是一位嚮導呢？這就有點像投資。你既可以去圖書館，也可以上網，找到錯綜複雜的理財地圖自己摸索而行，你也可以選擇一位嚮導 —— 一位理財專家。理財專家能幫助你用最快的辦法達到你的夢想，實現你的目標。

> **專家建議：向蟑螂和松鼠學習**
>
> 也許有一天你會發現，不知不覺中，你辛苦賺來的錢都花光了，究其原因則是因為你缺乏明確的理財目標，沒有做好理財規劃，過度消費等行為導致你的財產流失。如果你能向蟑螂和松鼠學習，努力工作，用多種方法積極儲備糧食，你的日子一定會過得如魚得水。

家庭理財五大迷思

很多人在理財活動中容易受到一些不太理智的因素的影響，像是：個人偏好、從眾、不太考慮通貨膨脹等。然但是只要你稍加注意，認真學習，就能讓你的理財之路一帆風順。

第一個迷思：理財就是投資

關於理財，很多人片面的認為就是賺錢，用錢生錢。實際上，「投資」和「理財」並不是一回事。理財是整個人生規劃設計，不需要你手中有很多錢，而是教你怎樣用好手頭每一分錢的學問，它不僅要考慮財富的累積，還要考慮財富的保障。在國外，理財師的工作主要是根據客戶的收入、資產、負債等資料，在充分考慮其風險承受能力的前提下，按照設定的目標為

其設計生活方案並幫助實踐，以達到創造財富、保存財富、轉移財富的目的。而投資關注的是如何錢生錢，錢越多可投資的管道多，但風險也更多。因此，理財的內容比投資廣泛，不能簡單地將買股票、買期貨等投資行為等同於理財，而應將理財看作是一個系統，注重人生的生涯規劃、稅務規劃、風險管理規劃等一系列的人生整體規劃，藉由這個系統和程式，達到「財務自由」的境界。

第二個迷思：喜歡盲目跟風，隨著潮流

如果聽到某人買誰誰誰的股票賺了錢，第二天肯定有很多人擁擠到證券公司的門口，如果聽到某人買基金賺了錢，第二天銀行門口肯定會排長長的隊伍。不可否認，大家都想賺錢，一聽到哪裡有賺錢的好東西，就一窩蜂的擠過去，到頭來可能會跌撞得頭破血流。適合別人的投資專案，並不一樣適合你。當一個賺錢的專案傳到你耳朵裡時，同樣會傳到別人的耳朵裡，這時再跟別人擠就沒什麼意思，沒什麼甜頭了。

人的一生可以分為不同的階段，在每個階段中，人的收入、支出、風險承受能力與理財目標各不相同，理財的重點也應不同。因此，你們需要確定自己每個階段的生活與投資目標，時刻審視自己的資產分配狀況及風險承受能力，不斷調整資產分配，選擇相應的投資產品與投資比例。一般來說，家庭

資產應有合理的分配。對投資者而言，年齡越小，風險大的投資產品如股票，可以多一點，但隨著年齡的增加，風險性投資產品的投資比例應逐漸減少。

第三個迷思：追求眼前利益，忽視長期風險

想像一下一個人十分開心地玩著溜溜球翻山越嶺。但是如果你專注於溜溜球在拉繩上忽上忽下的話，你可能就會看不到山有多高。在這裡，溜溜球代表著市場水準。雖然看著目前的短期表現可能會很有趣，但真正重要的是長期表現。

近年來，不少有資本的人選擇「以房養房」，面對租金收入超過貸款利息的「利潤」，不少投資者為自己的「成功投資」暗自欣喜。然而在購房時，有些投資者並未全面考慮其投資房地產的真正成本與未來存在的不確定風險，忽視了許多可能存在的成本支出，如各類管理費用、閒置成本、裝潢費用等。同時，對未來可能存在的一些風險缺乏合理評估，有不少視野盲區。

因此，建議投資者當你熱中於某個投資專案時必須做深入地研究分析，考慮到投資背後的各種隱性的風險，不要有太高的奢望，平常心態最好。

第四個迷思：關注短線投機，不注重長期發展

如果有一天你和熊狹路相逢，一定要頭腦冷靜，盡量保持鎮定 —— 不要喊，不要叫，不要踢，不要鬧。千萬不要做出太大的動作，要一動不動，不要試圖逃脫 —— 那樣只會使事情更糟。這就好像投資，堅持下去不動搖，不要撤資，關注長期投資，尋找新的機會。

許多投資者偏愛短線頻繁操作，以此獲取投機差價，每天會花費大量的時間去研究短期價格走勢，關注眼前利益。在市場低迷時，由於過多地在意短期收益，常常錯失良機。鑑於市場短線趨勢較難把握，理財專家建議大家把握市場大趨勢，順勢而為，將一部分資金進行中長期投資，建立「理財不是投機」的理念，關注長遠發展。

只靠衡量今天或明天應該怎樣本身就是一種非理性的想法。你們應該探討的是未三十年的問題 —— 換言之，你真正需要的是一個長期策略。僅僅知道明天怎樣是遠遠不夠的。

第五個迷思：投資項目太多

著名經濟學家凱因斯（John Maynard Keynes）在個人理財方面也非常成功。他的投資理念就是要把雞蛋集中放在優質的籃子中，這樣可能會使有限的資金產生的收益最大化。但在具體操作時，許多投資者認為分散投資規避風險的方法就是把

雞蛋放在很多籃子裡，籃子越多風險越小。殊不知，這種觀念不盡然正確，當你把資金分在很多個籃子裡時，同時你的精力也會分散，到頭來你可能會挖東牆補西牆，變成竹籃打水一場空。因此，最聰明的做法就是不要將蛋放在一個籃子裡，但也不要放在太多的籃子裡。

> **專家建議：投資理財要溝通**
>
> 在做出任何重要投資決策之前，一定要和持相反意見的朋友或專家討論一下。從不同的角度看問題會發現自己在哪裡沒明白。要把握住你投資和財務的底限 —— 包括你買或不買的決策。有位財務專家曾說過：如果你記住了自己可能成功的底限，你就會大大降低失敗的可能性。

夫妻理財的四大地雷

假設有個奇人長眠二十年，奇人二十年前入睡時口袋裡有一美元，那麼當他醒來時，一美元大約值 44 美分。換句話說，他入睡那年，他能用這一美元買兩杯咖啡，而今天，如果他要一杯咖啡的話，還得另加 2.15 美元。事實上，你沒有進行投資的每一美元都會被通貨膨脹吞噬掉。

理財並不等於投資，賺錢也不是家庭理財的唯一目的。如

果投資者只是埋頭投資，不顧一切地追求利潤，而沒有對風
險、收益、資源、目標、通貨膨脹等情況進行符合自身情況的
調整與規劃，就很容易碰上家庭理財的地雷。

一、投資太大，超越自己的控制範圍

　　如果你的投資超過你所承受的能力，一旦風險降臨，那你
就面臨破產、失業的危險。像是 2006 年全球股市一片紅，一位
新手投資者聽到同事、朋友都賺了很多錢，就傾其所有，將全
部家當投資到股市中，企圖一夜間成為百萬富翁。可能他的投
資心態太過自信，太過狂熱，2008 年爆發金融海嘯，不只捲走
了所有人的資金，也粉碎了新手投資者的發財夢，幾乎血本無
歸，只能一切從頭開始。

二、投資太保守

　　很多人因為害怕承擔風險，就將投資放在低風險資產，結
果無法抗拒通貨膨脹對自己資產的侵蝕。需要強調的是，風險
承受能力絕不僅僅指客戶的心理感受，更受預期目標、家庭責
任的限制甚至推動。因此，規避風險最好的方法是請專業人士
為你量身定做一個適合自身風險承受能力的方案，在實現目標
的同時把風險控制在最小程度。

三、缺乏對保險的全面了解

　　一提到保險，很多人的想法比較偏激，有的人認為保險沒有太多作用，而且把自己的錢交給保險公司，幫保險公司賺錢。有的人認為保險只是一種投資工具，只是利息比存在銀行好一點，而忽視了保障作用。一個家庭如果缺少保障型險種的話，一旦出現傷病死亡，家庭經濟就會崩潰，買房、留學等夢想就無從實現，貸款買的房子也可能被銀行收回。

　　人一生會發生什麼事情很難預測，相對家庭來說也是如此。適當購買保險將讓你的家庭保駕護航。

四、喜歡追求新鮮的投資項目

　　如果你去釣魚，告訴你一個安全祕訣，尤其適用於流水急的地方，即不要入水深超過防水長靴的地方！水一旦灌滿你的防水長靴，你就會陷入困境。下水後要注意自我保護，要緩慢而行，小心謹慎。

　　很多人喜歡追求新鮮的投資專案，把信託當成債券來買。信託類似於基金，有本金損失的風險，太多投入是無法承擔這種風險的。它的收益率只是預測的，信託公司並不以自己的資產作為擔保。因此，不熟悉的投資領域最好不要涉入。

> **專家建議：吸取經驗避免犯錯**
>
> 理財無疑是全社會目前最為關注的話題之一，但幾乎所有家庭都存在著大大小小的理財錯誤。因此，多學習理財知識，吸收他人成功的經驗，結合自己的實際情況，就能避免讓你犯錯。

家庭理財三大「疏忽」

一個平時健康的人，可能因為忽視皮肉傷，感染破傷風而致命。同樣的，一個被周遭親友公認為幸福家庭典範的夫妻，也可能忽視一些小細節，一旦發生變化，家庭就面臨巨大的威脅。一起來看看家庭理財會有哪些疏忽的地方？

第一，忽視產品折舊

每當你新購買一件商品，哪怕你用了一天，這件商品都會變成了二手貨，它的價格要遠遠低於原來買進的價格。像是你買了一臺液晶電視，價格是 30,000 元，預期的使用壽命是十年，那麼它每年的折舊費就是 3,000 元，而這 3,000 元要算成主營業務成本。換句話說，我們所說的家庭主營業務成本除了日常開銷外，還要包括折舊。實際上，家庭固定資產包括的東

西相當多，除了家具、家電外，還包括房地產（必須有所有權）和裝潢。

　　折舊這筆開銷雖然並不明顯，但實際上是一筆小開支。同樣房地產本身也是要折舊的，如果是自房屋，就可以不考慮折舊了，但如果是投資性房地產，靠出租賺錢情況就不同了，八成新的房子和幾十年的房子出租的地段絕對會不一樣。許多開發商就是利用大家對折舊的忽視，在廣告上算出年收益率接近20%，吸引投資者購房，但事實上不提折舊會使帳面的利潤很高，到最後實際的收益卻很低。

第二，把貸款貸款算為成本

　　如果你的經濟條件不允許你一次性支付房款，那麼就要求助銀行的幫忙。一旦申請銀行就代表著每月就會有一筆貸款還款。通常很多人把這筆錢記入了成本，每月的收入中很大一塊都是還貸款的錢。

　　如果你也是這麼做的話就虧了。開發商在收到頭期款和銀行貸款後，已經全額收到了房款，這和我們一次性付款沒什麼區別。房地產到手後，就變成了固定資產，而固定資產是要提取折舊的。在我們的貸款還款中，包含兩部分，一部分是本金，另一部分是利息。本金已經展現在固定資產中了，因此，不能再作為成本了，而利息則應該算作財務費用。由於利息是

按月遞減的，折舊是每個月相同的，因此，我們不能把月還款混為一談，在開始幾年，費用和成本是比較高的，到後期會相對減少。

第三、房價上漲後斤斤計較有多少入帳

買了房的人一聽到周圍的人在說這個月房價又上漲了多少時，就會掐指一算自己住的這間房子賺了多少錢了。事實上，只要房子沒賣出去，升得再多也是不能算在你的銀行帳戶裡。既然房屋要提折舊，為什麼升值的部分不考慮呢？難道買了房子就只有貶值的份？

從另外一方面來說，即使房地產升值了，絕不會只是你的所有升值了，周邊的房地產難道不會升值了嗎？如果將手裡的房地產變現，是可以取得一定利潤的，但如果要在同樣的地區再買一套房，同樣要付出更多的資金，房地產即使升值一倍，也不可能讓你的一間房變成兩間房，除非是搬到更偏遠的地方去。

因此，為了防止「天真病」，在具體的投資行為中我們是不能把房價的上漲算到收益裡面去的。相反，如果遇到房價下跌，市價低於我們的成本價，我們還必須提取固定資產減值準備。

> **專家建議：防止理財疏忽就是避免有貪小便宜的心理**
>
> 粗心大意不是孩子的專利，大人有時候也會粗心，不過大人的粗心往往是因為自己缺乏對理財的全面了解，抱著貪小便宜的心態獨自享受，到頭來卻發現錢越來越少了。增加對理財事務了解與耐心，能幫你避免不少問題。

避開那些浪費的陷阱

理財是一本很厚的書，不是一兩天就能翻閱完的。在執行過程中，你可能遭遇到一些陷阱，特別是浪費的陷阱，有可能會打亂你的理財計畫。所以，學會理財的人要避開那些浪費的陷阱。

有些人認為，只要把辦公和經營場所裝潢豪華，就顯示出自己實力雄厚，信譽可靠，就能吸引顧客，做成大生意。於是就把有限的資金大量地用於裝點門面上，在專案尚未落實的時候，就先購置了昂貴桌椅、高級家具，花去了大部分資金，結果無錢進貨、無錢經營，只能守著空架子。

有人認為在家靠父母，出門靠朋友，朋友多了路好走。於是，不管怎麼樣的人都交往。為了在朋友面前裝大方，常常打腫臉充胖子，用借來的錢去酒店、舞廳揮霍，那些酒肉朋友們

也總是前來蹭吃蹭喝。

有些人沒有艱苦創業的精神，常常是事不大，擺的架子卻不小，造成經營成本的增加，甚至嚴重虧損。有一個小工廠主人，廠房離家也就只要騎半小時的腳踏車，但是這位老闆覺得騎腳踏車有失身分，於是每天搭計程車上下班。他的小廠房一天還賺不到一千元，搭計程車就要花去一百元。

有的人喜歡去超市購物，看到什麼便宜買什麼，滿心歡喜地拿回來一大堆商品，到頭來卻發現很多東西都用不了，扔了又覺得可惜，留著又沒有用處。

有的人喜歡在網路上購物，但你一定要慎重，如果買回的商品不適合或者不是你喜歡的樣式的話，你還要把這個商品退貨，這也是一筆花費。

有時候一些月租的收費項目（特別是手機月租費）並不像你所想像的那麼完美。所以在放心大膽地消費之前，一定要了解好這個月租專案所涵蓋的內容，不然拿到帳單後你一定會心疼白花了的錢。

每個人的財富都是透過自己的努力賺取的，如果你大手大腳，喜歡亂消費，那麼你的財富將離你遠去。因此，每一個想變得富有的人都要勤儉節約，改正自己的不良習慣。

第一件事情就是要管好自己的錢包，消費、購物等一切支出都要精打細算，應嚴守花錢的心理界限。心理界限是指足以

讓你重視的金額。如果有人對 50 元以下的支出很隨便，超過 50 元時則會反覆考慮，而有人對百元以內，甚至千元以內的支出也毫不在意。這種心理界限與經濟條件有關，但更主要的是取決於心理上的感受。這個值一旦被打破，就像潰堤的水壩，一發不可收拾。所以要嚴格約束自己，沒有意義的錢，一分也不要花。

一切支出要以元計算，每一元都要精打細算。這一要求並不高，要知道許多世界級的大富豪的開支是以分計算的。因此不該花的錢絕不要花。這絕不是吝嗇，而是一種可貴的品格和成功者的理念。節流有時比開源更能累積財富，這是被很多人忽視的。更重要的是，養成節流習慣的人都會自然形成成功者的理念，好的習慣和理念比財富更有價值。

投資一定要在自己財力所及的範圍內，絕不要傾囊投資。無論可預見的投資收益多麼大，也不要將自己的積蓄全部拿去博一筆大的。每一個投資都有自身的風險，如果把你的一切都當成賭注，那就太危險了。所以用來投資的錢必須是閒錢，在決定投資之前就要對自己說：「這筆錢有可能收不回來的。」現實生活中絕大多數人往往沒有這樣的心理準備，他們總是對自己說：「這筆錢會變成很多、很多。」任何時候、任何情況下，手中都要有一定的現金作為救命錢，救命錢不要用來投資。但要知道：「存在銀行的錢不要超過自己的生活所需，因為它雖最

安全，但絕不是最好的投資方式。」

　　錢不在自己的手上就不是自己的錢了，這就包括借出去的錢。特別是有人以高於銀行利息相誘借錢，更是危險。如果高出銀行利息許多，這錢借出去就不要準備收回了。當然，行善義舉另當別論。即使是捐助，也要看清捐助的物品是否確實急需。因為最重要的是培養他創造財富的能力、勞動的能力。

專家建議：注意每一個消費的細節

不知道你是否有這個感覺，平時不怎麼用錢，可一到月底就成為實實在在的「月光族」。出現這個原因主要是因為你沒有養成良好的消費習慣，另一方面是由於現在的浪費陷阱隨處可見，稍不注意就會讓你消費一筆。因此，避免浪費陷阱唯一的妙招就是留意你所消費的每一個細節，伸手掏錢包時問問自己這筆錢花得值不值得。

多數人易犯的「理財病」

　　說到理財，幾乎所有的人都很積極參與，但是很多人卻發現在執行理財過程中錢偷偷從指縫裡溜走了，越理財越少。這是為什麼呢？原來，理財是一門大學問。當你陶醉在自己所謂的理財夢中時，卻犯上一些所謂的「理財病」。

天真幻想病

　　不要幻想有一天天上會掉下一個大金元寶，即使掉下來的話也會掉在個子高的人頭上。眾多投資者經驗證明：投資收益越大，風險也越大。如果有人將一項投資的前景描繪得無限美好且毫無風險，那麼就要當它是一個陷阱而繞開它；更不要貪便宜。不要參加任何有高報酬的集資活動，即使是你的同學、好朋友等推薦也不例外。

忽冷忽熱病

　　丁先生前兩年聽人說某保險公司的一個保險產品收益很高，於是買了很多份。現在，該保險產品的投資由於證券市場的調整也出現了一些虧損。於是丁先生找到保險公司要求退保。當然，這給丁先生帶來很大損失。對理財投資忽冷忽熱，會有很不好的影響。就以案例中的股票投資而言，這種病就根源於人們對保險的不正確認知。其中最普遍的一種是將保險單純當作一種投資的管道來看待。保險有投資和儲蓄的功能，但這些只是附加的功能。如果僅從投資儲蓄的角度來考慮保險，它顯然並不如其他直接投資和儲蓄管道來得更有效率。保險是一個非常好的理財產品，但並不是非常好的投資管道，特別不是一個短期的投資管道，是只適合於做長期投資的。

第八章　理財迷思、錯誤「一點」通

不到黃河心不死病

很多人投資失敗後，頭腦發熱，以為可以藉由追加投資挽回損失，又將自己留下的救命錢投進去。沒取得預期收益，又去借錢投資，結果傾家蕩產，走上不歸之路。

如何抵制這種想法？以股市來說，在股市人潮眾多的時候，特別是在股市瘋狂上漲的時候拋掉全部股票，在股市門可羅雀的時候買股票，就是說在大家都搶購股票時候不要買股票，在大家都賣的時候，再買股票。當然股市沒有一成不變的規矩，此條或許要視情況具體對待。

目光短淺病

小王手上有大量閒置資金，苦於沒有合適的投資方向。朋友推薦他把一定比例的資金投資到股市和房地產市場，他認為股票市場如此低迷，現在進入不太合適。朋友解釋說，推薦投資股票市場是基於對股市長期趨勢看好，有充分信心的考慮。房地產從短期價格走勢很難判斷，但長期來看房地產價格還有非常大的上升空間。

對於只看到目前情勢的消極的人，治療這種理財病的方法不難：忽視市場的短期波動，緊緊把握住市場大的發展趨勢，收穫會比在市場中忙於捕捉機會的人要大得多。

忽視養老病

老張夫婦都是拿基本薪資的人，每個月的生活能過得好就盡量過，基本上沒有什麼存錢，留的一點錢也為了孩子的教育。關於他們的養老問題，他們的回答讓人既感動也擔憂：「只要孩子好，我們苦一點沒有關係，而且我們還可以再工作十幾年。」

養老的問題是人生理財安排中最重要的一個問題，要提早作安排，同時要考慮到通貨膨脹對貨幣購買力的影響，安排好足夠的養老資金。

缺乏信心病

從國外留學歸國的李小姐除了帶回豐富的知識、專業技能外，還帶回了數萬美元存款。她將這些錢都放在銀行裡做外匯投資。究其原因，她認為股票市場太不穩定，遲早會崩盤；房地產市場泡沫化，入手難度也很高；而新臺幣也會貶值。所以外匯一定要留著等新臺幣貶值以後再兌換成新臺幣來購買房地產，這未免過於悲觀，錯失很多投資的機會。

理財的終極目標不是銀行存款的數字，而是借銀行帳戶中的數字，運用各種方式去實現人生的理想。一個真正的理財專家懂得如何掌控財富，利用財富為自己工作，從而感受快樂，

領略到生活的美好。但願每一個學會理財的人都能感受到這種快樂。

專家建議： 治病的良方在於有好的心態

錢在我們生活中的作用越來越大，越來越重要。吃飯要錢，穿衣要錢，房屋要錢，坐車要錢，看病要錢，上學要錢......離開了錢，我們的生活將無法正常地進行。不可否認，每個人都有發財的夢想，在夢想的路上難免會犯有各種不良心態，因此，治病的良方在於保持良好的心態。回歸平常心態，財富自然會降臨。

電子書購買

國家圖書館出版品預行編目資料

別讓錢成為婚姻的裂痕：婚後的荷包，不該這麼扁 / 朱儀良，永強著 . -- 第一版 . -- 臺北市：崧燁文化事業有限公司 , 2022.01
　　面；　　公分
POD 版
ISBN 978-986-516-969-5(平裝)
1. 家庭理財
421　　　　110020426

別讓錢成為婚姻的裂痕：婚後的荷包，不該這麼扁

臉書

作　　　者：朱儀良，永強

發 行 人：黃振庭

出 版 者：崧燁文化事業有限公司

發 行 者：崧燁文化事業有限公司

E - m a i l：sonbookservice@gmail.com

粉 絲 頁：https://www.facebook.com/sonbookss/

網　　　址：https://sonbook.net/

地　　　址：台北市中正區重慶南路一段六十一號八樓 815 室

Rm. 815, 8F., No.61, Sec. 1, Chongqing S. Rd., Zhongzheng Dist., Taipei City 100, Taiwan

電　　　話：(02)2370-3310　　傳　　　真：(02) 2388-1990

印　　　刷：京峯彩色印刷有限公司（京峰數位）

定　　　價：375 元

發行日期：2022 年 01 月第一版

◎本書以 POD 印製